建筑速写

黄文娟 著

从理念到实践的研究

Architectural Sketches

江苏凤凰美术出版社

序　言

　　黄文娟将她的建筑风景作品编辑成专著在江苏凤凰美术出版社出版了，这无论是对于个人还是对于学科的建设而言，都是一件大好事。

　　将自己倾心努力进行艺术表现的作品纳入一定的审美规范，在体现内在认知能力的同时纳入出版专著的行列，这对于每一个艺术工作者而言都是既辛苦而又快乐的。形成专著的出版，至少包含着两层意思：作者对所创作的作品进行了阶段性的总结。自己的认知水平、表达能力、以及心中所期盼的艺术审美状态在此基础上形成复盘之态，先画了一个暂时的句号。同时，以著作的方式呈现于社会，对于社会文化而言，是一次无偿的奉献。其中包含的汗水和努力的艰辛所烘托出的艺术状态触碰了社会文化存在的现实——尤其是大学课堂中的学子们需要时代中新的审美认知来激发，新著作的存在就是一个很好的引导与唤醒，谁都无法估量观赏者们、大学生们将来会进入怎样的时代审美之境，但是可以肯定的是在未来的天地当中，每当有相似的信息触发，就会在他们的脑海中引发对当下这些著作和作品存在的回想。那么，审美文化的链接、引领、促进的意义就在这儿。

　　黄文娟的这些作品产生在她的应用型教学和对自身审美感觉的把握研究当中，无论是在国外的学位攻读，还是在现实的艺术采风、专业考察以及日常生活观察中，她都是始终如一的认真针对自己艺术感觉所存在的位置进行探讨，并在画面上进行相应的艺术表达，已经在教师和学生当中形成了很好的影响。因此，她亦将大家对其作品的认知和评价收纳在作品的行列之间，多重角度对观赏者、对该门课程的学习者们起到多向的审美认知与判断的引导作用。我认为。这是她针对专业研究迈出的重要一步，在此开端之下，将会在今后的应用型表达以及专业建设与学术追求上迈向更新的高度，并产生更多的作品，形成她的新一阶段的学术印记。

　　此序

吴耀华

2024 年 3 月于江苏南通

前　言

　　速写起源于 18 世纪欧洲，是一项训练造型综合能力的绘画表现方法，更是美术创作和艺术设计不可或缺的基本功，始终伴随着人类艺术史发展的过程。随着时代的发展，速写逐渐成为一门独立的艺术形式，其丰富性是造型艺术中最为特殊的类别，涵盖了工艺、绘画、雕塑和建筑等各个方面。建筑是人类重要的物质文化形式之一，以木结构建筑为主的东方传统建筑、以砖石结构为主的西方传统建筑、以钢筋混凝土材料为主的现代建筑，通过速写的方式呈现都各具特色，各有意蕴。贝聿铭先生曾说："建筑就是一种凝固的艺术。" 建筑速写是创作者深入建筑场景，开展观察，以构图与变化、透视与比例、阴影与明暗、对景与借景、线条与律动的思考和组合，将作者的理性归纳落实在实践过程之中。长期坚持不懈地开展建筑速写与创作，锻炼手头的用笔技术，提升创作者的观察力、创造力、审美力和艺术修养，强化形象的记忆力、丰富想象力，并培养综合的个性化艺术特质，为今后的设计、艺术创作奠定扎实的造型基础。

　　我喜欢画画，在教育中探索，在生活中提炼，坚持在艺术的道路上不断深造。建筑速写是我从事教育工作后承担的一门课程，在教学中深知造型基础能力对设计类工作的重要性。我在每年的课程教学、写生实践和平日习作中，不断地在取景、构图、透视、空间、色彩、比例、天际线、节奏、韵律和质感中探寻个性，也寻其共性，积累了一些作品和经验，逐渐形成了自己作画的方法和思维。

　　本书试图从不同类型建筑的角度进行速写艺术表现的理性解读与实践环节分析，希望能从历史、文化、构造、风格、造型和材质上对读者有所启发，同时也希望激发大家进一步找到适合自己的表现方法，并读懂建筑背后的智慧和工匠精神。

书中收集了我近几年钢笔速写及建筑手绘的 120 余幅，包括中国徽派建筑、南通本土场景、现代建筑、古街和历史建筑等场景，其中约 30 余幅是在韩国留学期间的写生作品，记录的大多是我认为有趣、有意和有艺的对象。利用 30 分钟到 90 分钟完成对一次生活的现场记录，也是对城市、村镇的探寻。因此，速写早已是我记录信息和灵感的载体，我始终认为这是一种释放心情、舒缓压力、收获美好和尊重生活的方式。每每翻阅作品，回想自己和学生走进场景，用画笔与建筑面对面、与造型对视、与历史交流，这更是一场对文化价值的传承。

"科学技术无尽头，学术研究也无止境。"通过本书的撰写，我既提高了个人的艺术修养、艺术技巧及专业综合能力，又优化了研究方法，并且从中进一步拓宽了眼界，丰富了人生阅历，对教学工作的开展、科学研究都起到了极大促进作用。将来再创作的时候，也能潜心思考和思辨。本书力图避免冗长的理论论述，以简洁文字归纳方法，以作品使读者领悟所要传达的内容。在建筑速写领域，本书也只是"抛砖引玉"，其中的观点和内容也是一家之言，不足和疏漏之处，希望朋友们批评指正。

黄文娟

2024 年 3 月于江苏 南通

目　录

作品目录

速写的魅力以其时效性、记录性和观赏性为首。它是创作者直接以绘画形式呈现生活场景，是对环境中亲眼所见、心里所感开展构思，继而运用钢笔或其他工具以最直接、最率真的技法表达。这种快速写实的绘画，使得作品充满了生活感和真实感，触动我们的心灵，将我们代入画面，感受到画面的意境。

第一章　建筑速写理论研究

第一节　建筑速写的历史作用

"速写"一词起源于十八世纪欧洲单词"sketch"，主要指草图。速写是一项训练造型综合能力的绘画表现方法，是素描学科中整体分析的应用和概括表达的提炼发展。速写是一门面对真实场景，在短暂的时间内借助一定的表现工具，以精炼的线条来记录场景中的形态、特征和环境关系的快速写实的表现技能。在平凡的生活中，运用速写记录平常的生活；同时，在速写表现中，培养独特的审美敏感度，提高对事物的快速概括能力。速写作品是作者对客观世界的真实感知、记录和保留，更是对生活的热爱和联想，是丰富生活的积累，是从艺术和纪实角度开展的创作活动。在世界艺术史的发展中，艺术大师们创造了无数享誉世界的名作，为世人留下珍贵的作品，速写创作也是他们户外写生、创作的基础，更是稿件初期的表达工具。如 17 世纪荷兰画派伟大的画家伦勃朗·哈尔门茨·凡·赖恩（Rembrandt Harmens zoon van Rijn, 1606—1669），他的速写既有中国画"大写意"的气势，又不失西方造型艺术的严谨作风（图 1、图 2）。伊凡·伊凡诺维奇·希施金（Ivan Ivanovich Shishkin, 1832—1898）是 19 世纪俄国最具代表性的风景画家之一，也是 19 世纪后期现实主义风景画的奠基人之一，其速写作品细腻、生动（图 3）。克劳德·莫奈（Claude Monet, 1840—1926）是公认的印象派发起人和灵魂人物，擅长光与影的实验与表现技法（图 4）。伊里亚·叶菲莫维奇·列宾（Ilya Yafimovich Repin, 1844—1930）是 19 世纪后期俄罗斯现实主义绘画大师，一生留下很多人物素描和速写，以其丰富、鲜明的艺术言语创作了大量的历史画、肖像画（图 5）。意大利现代建筑师 Stafen Davidovic 的速写擅长以线和面的表现方法，展现现代建筑的形态特征、空间透视和现代审美（图 6）。

中国的钢笔绘画可追溯到 20 世纪初期的中外艺术交流。彼时，中西

图 1 《三间茅草屋和风景》（来源自网络）

图 2 《无名》（来源自网络）

图 3 《风景速写》（来源自网络）

图 4 《无名》（来源自网络）

图 5 《场景速写》（来源自网络）

方艺术交流趋于频繁，徐悲鸿等一批留学生到欧洲学习西方美术史论及绘画技法，学成归国后将系列技艺传授国内学生及从业者。20 世纪 60 年代末，钢笔逐渐成为国内的主流绘画工具之一，其流畅、可控和具备表现细节的独特优势，都为钢笔绘画将来的多样性发展奠定了基础。近年来，钢笔画在我国成为一门独立的绘画类别，在线条、用笔、构图等各个方面都展现出了出色的表现力。钢笔速写的艺术性和观赏性在现今也达到了一定的高度。有文章这样写道：创作钢笔画主要讲究的是一个"静"字，心静、安静、清净，在城市、山野、村镇、老宅等各类空间里，一支钢笔、一张纸、一个场景、一幅线稿，带来意想不到的画面惊喜与视觉美感。

国内原中央美术学院叶浅予教授 (1907—1995) 的速写，在中国画界声望极高。他从 20 世纪 30 年代起速写本就不离身，创作了无数的写生作品(图 7)。叶浅予曾说："我走过很多路，到过很多地方，接触过各种各样的生活。旅行、生活、速写这三者，在我的艺术实践里结成了不可分割的关系，我把这三者的联系称为我的艺术生活方式。"可见，速写不仅是创作素材的源泉，而且通过积累和提炼它还能够成为独立艺术。叶浅予在从教过程中历经摸索，利用速写创立了"传统、生活、创造"三位一体及"临摹、写生、创作"三结合的现代中国画教学体系，对中央美院的中国画教学产生重要影响。

中国当代著名画家、油画家、美术教育家吴冠中先生（1919—2010），在中西艺术融合的探索实践中做出了巨大的贡献。他致力于将西方绘画与中国传统艺术精神、审美理想融合到一起，在实践中总结出抽象美、形式美、形式决定内容、风筝不断线、笔墨等于零等观点，

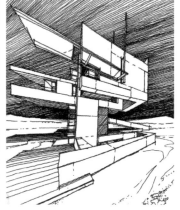

图 6 《线稿速写》（来源自网络）　　　　　　　　　　　　　　　图 7 《山城忠县》（来源自网络）

这些至今都是艺术教育中的核心理论，对中国当代美术发展产生了极大的影响。吴冠中先生的速写写形、写神、写情，取景构图巧妙，遵循透视规律，线条或细腻或刚劲，画面生动、情景交融，具有水墨画的境界和现代性的形式感（图 8）。

清华大学建筑学院教授、建筑师高冀生先生，遵照梁思成先生"持之以恒，必有大益"的教诲，开启了长达 60 年的建筑速写的练习与创作。他坚持以速写表达自己的建筑感受，以钢笔画记录建筑艺术的阶段成就（图 9）。高冀生先生强调："在建筑设计实践中，建筑速写是建筑师的基本功，是建筑设计实践的必需，是收集资料、进行建筑创作、推敲设计，包括指导设计工作不可或缺的基本技能，同时也是认识美、理解美、创造美所不可缺少的基本培养与训练。数十年来，我坚持速写，画不离手，积累了不少建筑知识，增长了不少对美的鉴赏。"

建筑速写是众多手绘表现形式里最能让人感受到力量的一种。陈红卫（图 10）、夏克梁（图 11）等艺术造诣极深的当代设计师、教育工作者们，始终坚持建筑的写生与创作。他们的作品形简神绝，精妙细致，虚实有度，创新不断，如：通过线条多样的语言魅力，展示建筑结构的严谨性和形式的韵律美，传达艺术家的思绪与情感；通过生动的光影和明暗的对比，表

图 8 《周庄老墙》（来源自网络）

图 9 《捷克古堡》（来源自网络）

图 10 《建筑写生》（来源自网络）

现建筑的空间三维感和画面的和谐感，传递出建筑的魅力和生命力。他们引领了在传统速写基础上的创新，通过手绘语言展现了对生活的感悟，将色彩、体块、工具、技法融合在钢笔线稿中，画面里蕴含了简洁与力度、传统与创新、自然与思考，作品呈现出生动耀眼的视觉感受，让人耳目一新。

图 11 《玄妙印度》（来源自网络）

第二节　建筑速写的新时代使命

点、线、面是画面三要素，点汇聚为线，线强调力量，面展现肌理。点、线、面既是单独的元素，更是共生的连续。《马丘比丘宪章》中指出："现代建筑的主要问题已不再是纯体积的视觉表演，而是创造人们能在其中生活的空间。"[1]生活是创造的源泉，人们寻找、发现身边的美以获得创意灵感源泉，用图形的形式将零散的片段记录，持之以恒，就会收集到大量的生活资料和创作素材，就能够提高形象思维的能力和创作的能动活力，就能够在日后的设计创作中，创造出独特的艺术形象来。建筑速写在设计快速发展和艺术普及的高科技时代，承载了更多的时代意义：

快速记录历史和传承建筑文化的意义。通过速写绘制建筑物、景观和城市场景，可以记录当下的建筑风貌和城市景观，以图像形式保留珍贵的历史信息。同时，通过传承速写技法和经验，将建筑文化和设计理念传递给后代，保持建筑艺术和传统艺术的延续。

激发创新意识与多元表达方式的意义。通过速写方法与新材料、新技法、新应用领域的结合，激发创造力和想象力。同时，速写也是一种表达和沟通的方式，创作者可以将自己的设计理念和创意通过绘画作品进行展示和交流。

关注人文关怀和可持续发展。建筑不仅仅是物质的构筑，还承载着人们的生活和情感。通过速写，创作者可以加深对人文因素的关注和理解，思考人的需求和舒适性。同时，速写也可以记录人与建筑之间的互动和情感，强调人与建筑之间的共生关系，在设计中考虑生态、能源和资源的合

---

1. 转引自奚传绩编著《设计艺术经典论著选读》第 3 版，南京：东南大学出版社，2011 年，第 268 页。

图 12-1 初稿

图 12-2 照片

图 12 《现代商场》 21 cm × 29 cm

理利用，推动可持续建筑的发展。

随着艺术与技术的发展，速写逐渐成为一种独立的艺术形式，除了是写生的记录，它还以直接的造型艺术表现效果被设计类专业和美术行业所重视，成为设计师们表现各种创意和灵感草图的便捷表现方式，是现代艺术设计进行创作前的概念准备和记录的过程。如作者作品《现代商场》（图12），运用钢笔速写技法快速记录了现代化的商业场景，画面以前景中的综合体为中心，对其透视、比例、结构均作写实表现，细致刻画了现代建筑的新材质、新构造和新审美，对远景进行了移景处理，运用虚化和概括的表现方法，衬托前景中心视角，同时对画面的美观进行新的思考和构图。在当代社会不断的创新进程中，速写是艺术、是设计、是创作最重要的艺术基本功。

建筑是通过建筑群体组织、建筑物的形体、平面布置、立体形式、结构造型、内外空间组合、装修装饰、色彩、质感等方面的审美处理所形成的一种综合性的实用构造物。坚持建筑速写，能培养善于捕捉实物细节和特点的敏锐的观察能力，培养设计创作中的简练特征概括能力，提高对形象的记忆能力和默写能力，同时也能探索和培养具有独特个性的绘画风格。对各个领域而言，建筑速写都有着基础造型能力和思维创新表达的作用：

对造型设计的作用。累积速写创作，能够培养和提高对形象的记忆能力和丰富的想象能力，同时还可以在速写的过程中，逐步掌握正确的观察方法和表现方法，不断地提高艺术修养和审美能力。建筑速写是由写生记录走向造型创作的必然途径，在进行创作实践中，运用速写体现设计构思意图的形象化，结合表现规律和审美法则，有助于设计构思的呈现作品，快捷地反映构思过程中形象思维的灵感火花，而且还是推进构思不断深化的一种重要方法。

对开展建筑设计的作用。通过速写绘制建筑物、空间和细部构件，可以更好地理解建筑的形式、结构和比例，培养观察力和表现力，快速捕捉建筑的特点和风格，提高设计感和创造力，在设计概念实践中更好地快速表现建筑的结构和特色。

对环境设计的作用。通过速写绘制空间与环境，理解环境与人的关系，提高对环境中比例、构造、形式、风格、色彩和材料等要素的敏感度和把握能力，能将自己的创意和想法通过较为精准的三视图和透视效果图进行传达和展示。

对景观设计的作用。通过写生建筑场所关系和周边景观元素，更好地理解和表达景观的要素特点和造型方法，包括软硬景观的植物、地形、水体、构造等。速写可以培养捕捉景观细节和特征的能力，提高鸟瞰图的表现能力和景观节点效果图技法，从而更好地进行景观设计和规划。

可见，建筑速写作为一种直观、快捷、高效的表达方式，能够快速捕捉和理解建筑环境的特点和要素，提升设计者在实践中的准确表现能力和多样创新能力。通过观察和写生，深入地了解和感受不同文化背景下的建筑风格和艺术表达方式，也有助于提升审美能力和传统文化认同。

　　要画好建筑速写，勤学苦练是根本，"积"包括从优秀作品中临摹以获得技法的启示，"练"从独立开展大量的写生训练中形成个人速写方法。"积跬步以至千里，积小流以成江海"，在大自然中积累，深入场景中去体验、去感受、去写生，练就准确的透视技巧、精彩的线条表现、独特的取景构图，就一定能画出优秀的建筑速写作品。

第二章　建筑速写技巧研究

第一节　透视的原理与应用

"透视"一词源于拉丁文"perspclre"（看透）。狭义透视是指 14 世纪逐渐确立的线性透视等科学透视方法，用于描绘物体和再现空间。透视画法是意大利早期文艺复兴建筑职业建筑师菲利普·布鲁内莱斯基（Filippo Brunelleschi, 1377–1446）发明的，主要代表作品有佛罗伦萨的圣母百花大教堂穹窿顶。透视画法是以现实客观的观察方式，在二维的平面上利用面和线的趋向，会合视觉、错觉的原理，刻画三维物体的艺术表现手法。但第一次系统地将其编写出来的，则是人文主义建筑师莱昂·巴蒂斯塔·阿尔伯蒂（Leon Battista Alberti, 1404–1472）。1435 年，阿尔伯蒂把透视结构定理编入他的著作《论绘画》（On Painting）中。近代以来，随着科技对人类视觉感知的研究拓展了透视的范围和内容，本著所表述的透视是指在科学透视方法基础上绘画出各种空间。

绘画中的透视是一种把立体三维空间的形象表现在二维平面上的绘画方法，使观看的人对平面的画产生立体感。由于眼睛特殊的生理结构和视觉功能，任何一个客观事物在人的视野中都具有近大远小、近长远短、近清晰远模糊的变化规律，如：同样宽窄的道路和路灯，越远越窄；同样大小的树木和汽车越远越小，最后消失不见；长宽高一样的建筑体会出现侧面大小不一的现象。同时，人与物之间由于空气对光线的阻隔，物体的远近在明暗、色彩等方面也会有不同的变化。对于建筑速写的手绘表现而言，建筑主体物的准确透视表现和配景物的准确比例关系是基础，有助于表现真实的空间形象和绘画者的构思。在画风景、场景、建筑、人物、几何体、静物时，都应掌握透视规律，根据取景和构图分析画面对象是哪一种透视种类，这样才能准确地写生物体在空间各个位置的透视变化，使物体具有空间感、纵深感和距离感。在空间中常用的透视方法包括一点透视（也称平行透视）、二点透视（也称成角透视）和三点透视。

图 1　作者自绘

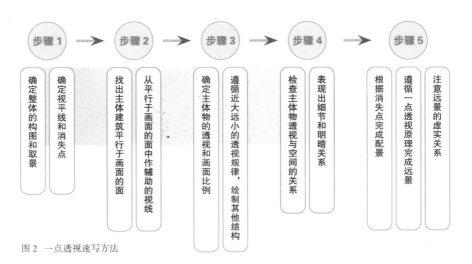

步骤 1　→　步骤 2　→　步骤 3　→　步骤 4　→　步骤 5

确定整体的构图和取景

确定视平线和消失点

找出主体建筑平行于画面的面

从平行于画面的面中作辅助的视线

确定主体物的透视和画面比例

遵循近大远小的透视规律，绘制其他结构

检查主体物透视与空间的关系

表现出细节和明暗关系

根据消失点完成配景

遵循一点透视原理完成远景

注意远景的虚实关系

图 2　一点透视速写方法

1. **一点透视。**也称平行透视，是一种容易辨识和表现的透视种类（图1）。对象物体的两组线，一组平行于画面，另一组水平线垂直于画面，聚集于一个消失点（图2）。一点透视表现空间范围广，纵深感强，适合表现庄重、严肃的室内外空间。缺点是比较呆板，与真实效果有一

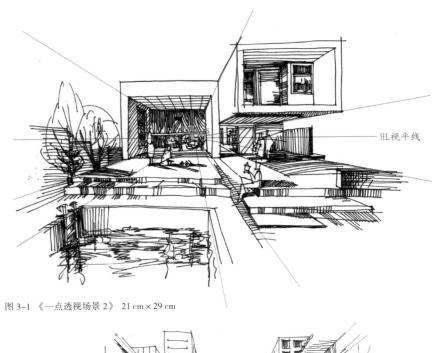

图 3-1 《一点透视场景2》 21 cm × 29 cm

图 3-2 《一点透视场景4》 21 cm × 29 cm

定距离。如系列作品《一点透视场景》（图3系列）的取景均为中心一点透视，视平线定于纸张中下部，根据画面的构图消失点或在中间或在左右，整体的建筑体、道路均以成角的形式渐隐于消失点，画面的空间和场景有较大角度的体现，近景的细节表现完整，但整体画面有一定的生硬感。

图3-3 《一点透视场景2》 21 cm×29 cm

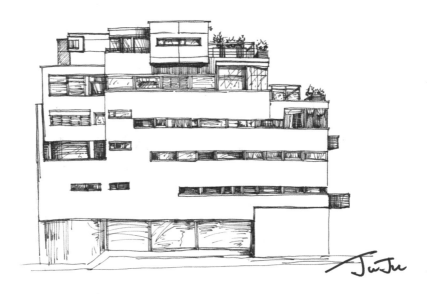

图3-4 《一点透视场景4》 21 cm×29 cm

2. 两点透视。也称为成角透视。物体有一组垂直线与画面平行，其他两组线均与画面成一角度，而每组有一个消失点，共有两个消失点（图 4 系列）。两点透视画面效果比较自由、活泼，能比较真实地反映空间。缺点是，复杂空间中的视线把握有难度，若角度选择不好则易产生物体变形。作品《两点透视建筑》（图 5）均运用两点透视方法，表现建筑单体及建筑场景。在视平线的左右均有 1 个消失点，建筑体垂直面垂直交叉于视平线，根据建筑及场景中高的位置，做辅助线，视线渐隐于消失点。选用两点透视取景构图的画面，一般对建筑个体、场景局部的表现力更强，画面生动。

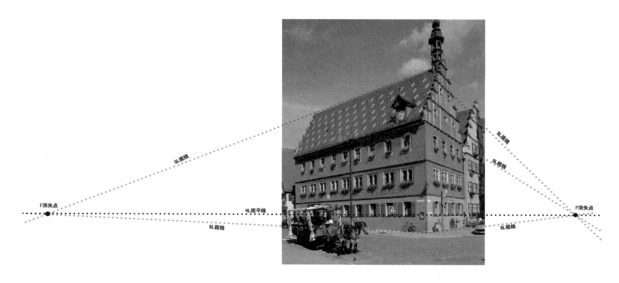

图 4-1 作者自绘

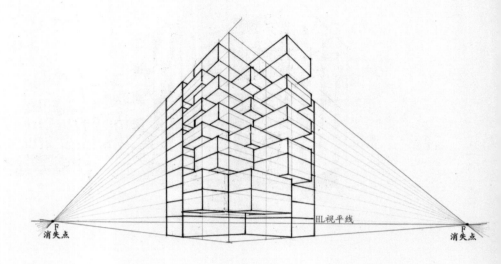

F
消失点   HL视平线   F
消失点

图 4-2 作者自绘

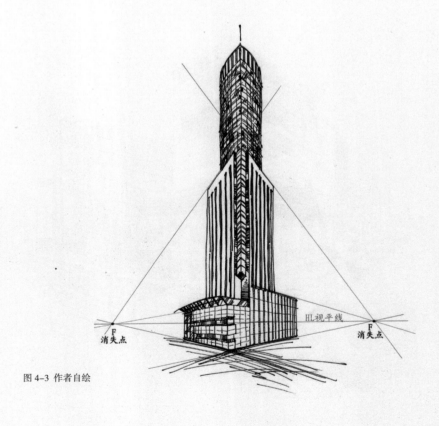

F   F
消失点   HL视平线   消失点

图 4-3 作者自绘

图 5-1 《两点透视建筑 1》 21 cm×29 cm

图 5-2 《两点透视建筑 1》 21 cm×29 cm

3. 三点透视。也称斜角透视，物体的三组线均与画面成一角度，三组线消失于三个消失点，不出现平行于画面、垂直于地面的主要结构（图6）。三点透视多用于高层建筑透视，用于超高层建筑俯瞰图或仰视图（图7）。如作品《仰望的现代建筑群》（图8），以现代建筑群为对象，运用单色钢笔速写技法表现。画面运用三点透视原理，对高耸林立的建筑群进行空间透视的处理，建筑体的三维结构透视变形准确、画面丰富，突出了建筑物的特征和现代装饰。用钢笔的细腻线条勾勒建筑的玻璃幕墙、金属结构、LED屏幕等科技元素，强调了城市建筑的现代感。

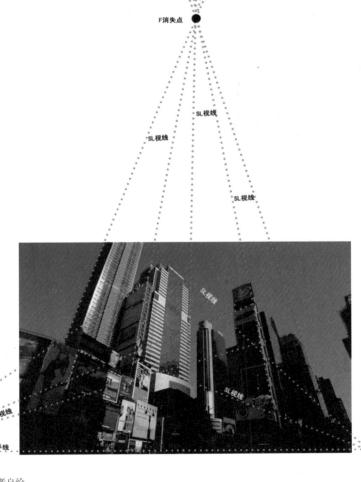

图6　作者自绘

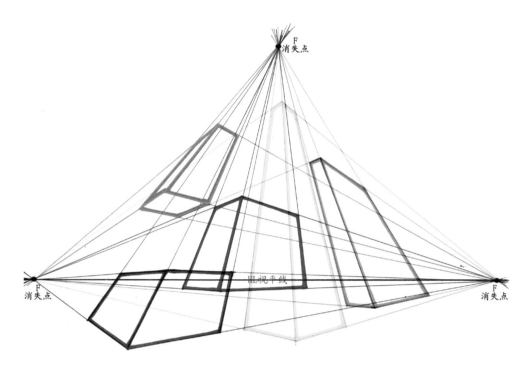

图 6　作者自绘

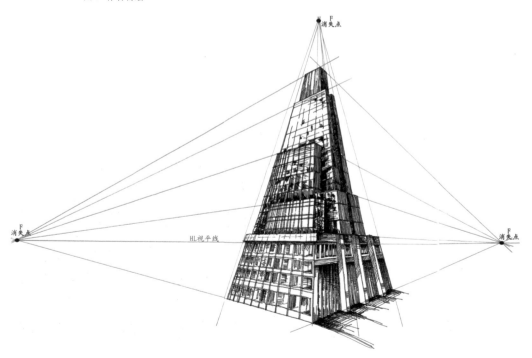

图 7　《三点透视建筑》　29 cm×21 cm

图 8 《仰望的现代建筑群》 21 cm × 29 cm

第二节 线条的魅力与应用

线条是绘画艺术中最基本的造型语言和造型要素。线条具有直接、快速、简练、准确的表现特征，既符合速写自身的特点，又能充分适应速写对形体表现的需要。线条因工具、材料、浓厚等物理因素的不同，会产生丰富多样的变化，常见的干湿、浓淡、粗细、曲直等形态变化，还能展现流畅或滞重、飘逸或苍劲、急促或舒缓、隽永或凝重、俊秀或粗犷等具有情感性表现特征或独特的形式美感。在建筑速写中，线条不仅是对形象生动的轮廓勾勒，也是对客观环境的理性表现，更是形式美与科学性的统一。

1.画线

在建筑速写过程中，要做到线条运用自如，需要努力实践、认真总结、不断积累。看似简单的画线，与用笔、练线都紧密关联。只有坚持，才能水到渠成，表现线条的流畅性，赋予线条节奏感，使画面产生空间感。如作品《建筑组合体》（图9），是建筑写生中的小稿，画面中线条根据建筑、配景和道路的特征不同而表现不同。刚硬的建筑体以流畅的直线为主，在建筑构造、结构穿插、透视效果上均根据取景对象写实表现；道路和景观使用弧线、曲线和交叉线体现路面的透视、树木的体积等。要提升速写水平，就需要在不断的小稿练习中提高线条的把控能力。

关于用笔：握钢笔同握铅笔一样，开始我们练习从一点向各个方向画直线，下笔要流畅。何为流畅？笔尖刚一接触纸张时要轻，随着走笔加上力度，保持线体匀称，收笔时要慢慢放开，使线条舒缓均匀，构成灵动且规律的直线。曲线略有一些难度，在绘制的时候用手腕的力量，时刻注意的是，要靠腕部的转动画线，而不是其他部位。开始都会有点生硬，练多了自然就熟练了（图10）。无论怎样的表现，线条只要保持自然、流畅、

图 9 《建筑组合体》 15 cm × 18 cm

规整、简洁，就为良好的画面效果做了良好的铺垫。通过线的长短、粗细、曲直的变化和线的穿插、重叠、疏密等线条组合，或用以表现形象的轮廓，或用以暗示形体的体积空间，或用以概括物象的层次，或用以强化形象的特定动（神）态和情绪，大大增强了速写的表现力。如波兰克拉科夫大学城市设计学院教授 Beata Malinowska Petelenz 的建筑速写（图 11）和《建筑与树的特写》（图 12），通过流畅的线条、重复的线条、疏密的线条、曲直不一的线条、块状的线条等，表现了取景对象的结构、透视、构图、环境关系、季节等因素，展现了建筑速写中线条的魅力。

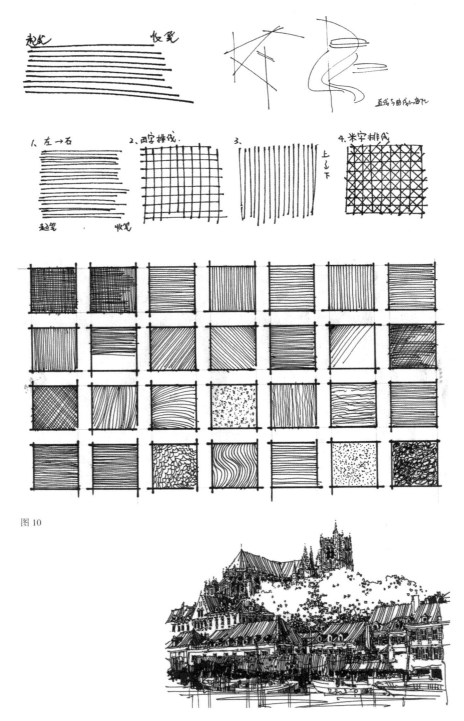

图 10

图 11 《城市复杂场景》（来源自网络）

图 12 《建筑与树的特写》 18 cm × 18 cm

2. 线条的明暗表现

速写中，用单线勾勒出物体的形状，用线条表现物体的光源、透视、远近、质感等。将线与线条明暗结合表现的速写作品，既能较好地概括表达出物体的造型特点，又能展示出场景中物体的立体形态，二者的结合表现是一种普遍采用的速写方法。

明暗色调作为速写的基本造型语言，运用十分广泛，且富有丰富的表现力。速写中的明暗色调，或用密集的线条排列，控制线条排列的疏密而构成具有明暗变化的色调，适合对物象作概括而深入的表现；或将笔侧卧于纸面，放手涂画擦抹，而构成深浅不同的块面色调，使物象的表现更为生动而鲜明；或用毛笔蘸墨汁大片涂抹，或干笔皴擦，也可获得富有浓淡深浅变化的色调，使其具有独特的审美趣味和表现力。以明暗色调为主要表现手段的速写，在明暗色调的运用上与一般素描相比较，特别需要强调简练与概括。无论是运用色调表现物象的形体结构、动态特征，还是运用明暗色调表现物象的空间关系、情绪气氛，都必须做到简练、概括。要注重抓好黑、白、灰的大关系，控制或减弱中间灰色层次，把握整体效果。

英国画家 Luke Adam Hawker 的建筑速写作品（图 13），擅长使用粗犷的线条开展建筑速写和场景写生，画面中的线条看似杂乱，但结构表现和空间层次的基本功底非凡，画面呈现张弛有度的舒适感。如作品《俯视之角》（图 14），对中心建筑线条的细致刻画形成画面主体，与周围简化的建筑群形成虚实的对比效果；针对中心建筑的造型、构造、材质进行不同线条的重复、排列、渐变等综合表现，形成画面的明暗表现。

图 13 《Natural History Museum, Exterior, London》（来源自网络）

图 14 《俯视之角》 18 cm × 18 cm

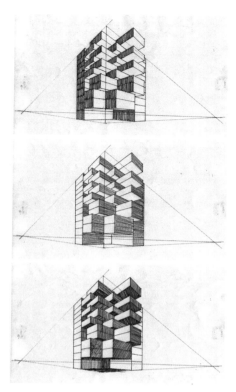

图 15-1 作者自绘

3. 速写中明暗色调的简练、概括与控制的表现方法

在进行线条的明暗表现时，一般根据透视方向、物体结构线、光源方向三种方法来表现（图26）。运用线条的依次重复排列，再叠加45度或90度的辅助线条以渐变的原理排列表现，呈现出不同的视觉引导和结构强调的效果，切不可使用较多杂乱的线条。

图 15-2 《城市远景》作者自绘

也可依据物象的形体结构特征，抓好明暗交界线的色调关系；依据物象固有色的深浅程度，处理好明暗色调层次；依据画面的需要，运用明暗变化规律，能动地调整和控制明暗色调（图16）。线条与明暗色调相结合的表现手段和速写方法，对于速写对象表现的适应性更为广泛，对于速写形式而言将带来更为多样而丰富的变化，又给速写画者带来更为自由的创造空间。如 Beata Malinowska Petelenz 的速写作品（图17），作者自绘的高层建筑群（图18），充分发挥线条的抓形迅速、造型肯定、表现灵活等优点，也强调了明暗色调的表现丰富、强化形体、渲染气氛等优势，体现了速写的线条表现要素。因此，将线条与明暗色调有机结合、融为一体，将增强速写的表现力和厚重感。

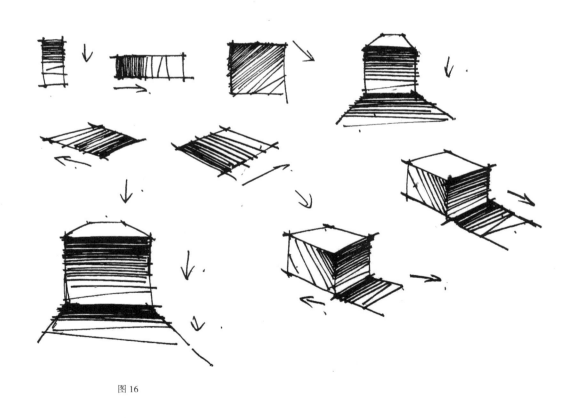

图16

图 17 《城市建筑》（来源自网络）

图 18 《高层建筑群》作者自绘

第三节　建筑速写的取景与构图

　　建筑写生中的对象内容十分广泛，包括建筑、结构、空间、材料、光影、环境、景观、构造物等诸多方面，需要绘画者先通过观察与分析，对画面进行提炼，再概括地表现在纸面上。取景与构图是速写过程中选择和组合速写对象的重要手段与方法，真实表达建筑物体的特征与环境是取景的前提，取景的方法与角度、构图形式与组合将直接影响速写作品的画面效果。

1. 取景

　　建筑速写的取景原理与摄影师取景相同，取景的角度关系到画面的效果。

　　取景时，常用手指构成取景框，从手的框里往外看，寻找合适的景物（去掉不必要的物体）（图19），初拟完整的画面对象。理想的取景要包括透视关系和主次结构。对建筑环境进行取景时，选择好角度有利于确定

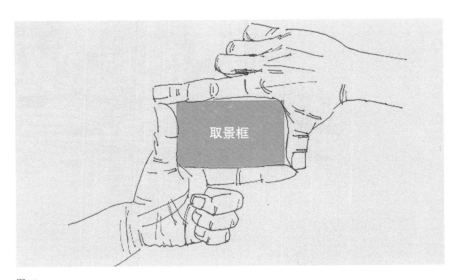

图 19

画面透视效果，对主体建筑对象魅力和个性建筑物进行重点刻画。在表现建筑群体时，合理的近景、中景、远景的取景处理，能较好地表现建筑群的空间层次感。根据画面需要，可适当删减画面中的配景，为了突出主题时，取景时也可加入其他建筑或配景作为陪衬，但不能喧宾夺主。

取景方式分为竖式取景和横式取景（图20），同一个场景下，两种取景方式给人的心理感受和视觉效果的引导也不尽相同。在文艺复兴时期的油画作品中，肖像画以竖式取景为主，风景画以横式取景为主，这个规律沿用至今。当面对不同场景、不同建筑风格和不同组合时，可以根据取景特征，灵活选择合适的构图来进行创作。

竖式取景有利于表现垂直线特征明显的景物，使画面主体物显得高大、挺拔、庄严；竖式取景能呈现拉长的画面效果，突出远近的主次层次，形成较强的主次对比，增强画面张力感和紧迫性；当竖式取景沿建筑主体物透视方向取景，会呈现自然、和谐的画面效果。

面对复杂场景、建筑群和风景时，横式取景能全面展示取景对象、天空与地面，画面效果充实，满足人类开阔的视野要求，给人以特有的稳定感；横式取景有利于表现建筑与配置物、天际线与地平面间高低起伏的节奏感，让画面更加富有空间感。

图20

2.构图

建筑速写进行构图时，将景物分为远景、中景、近景，通常主体建筑安排在中景处加以强调、突出。景物位置的轻重、配景画面的均衡，以及线条表现的疏密，都是画面效果的良好表现。角度确定后，要确定视平线在画面中的位置。视平线在画面的中间是平视构图，在画面的上方是俯视构图，在画面的下方是仰视构图。构图形式不同，画面的效果和气氛也不相同，可参考上一节"取景"。

速写构图，要遵循绘画中对比均衡的法则。但它可以根据需要做大的移动和删减，环山环水、移花接木都可以，讲究精炼集中。为了作画有把握，可以在纸上进行内容分割，也可以用笔先做记号。局部下笔时，就要上下左右兼顾，逐步完美构图。速写的构图表现一般分为以下几种（表1）（图21）：

表 1 速写的构图表现分类

序号	构图形式	透视应用	特征
1	水平式构图	一点透视为主	横向表现建筑物，构图饱满，内容丰富
2	纵向式构图	一点透视为主	以古建筑为多，注重墙体垂直面和细节的描绘
3	斜线式构图	多采用两点透视	通过消失点的变化和透视角度的变化，使画面更生动、灵活
4	C形构图	平面化	以字母C形的形状排列在画面上，画面中间及某一边留空。精彩内容排布在C形的内侧边缘，注重整个C形轮廓边缘的变化
5	V形构图	一点透视为主	有一块留白区域为大V的形式，使整体画面有较强纵深感
6	满构图		画面内容丰富，常用来表现充满生气的内容
7	三角形构图	两点透视、三点透视	根据不同需要，将描绘对象布局成不同倾斜角度的三角形，产生稳定感
8	S形构图	一点透视	将取景对象分布在画面，形成似S形的弯曲变化；通过疏密关系形成曲折变化的景象，如山川之迂回

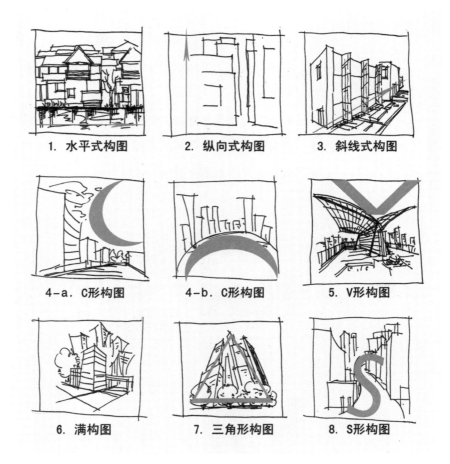

1. 水平式构图	2. 纵向式构图	3. 斜线式构图
4-a. C形构图	4-b. C形构图	5. V形构图
6. 满构图	7. 三角形构图	8. S形构图

图21 《小稿1》作者自绘

　　建筑速写比其他素描形式更能培养和体现人们的构图能力。建筑速写的强化练习，可以对不同的构图形式所体现的不同对比因素和形式美感有更深刻的认识与理解。视觉焦点为了突出主体建筑需要，在画面留有空白是常见的。要使主体醒目，具有视觉的冲击力，避免视觉焦点与其他物体重叠，可把主体安排在单一色调背景的空白处。

为了使取景能力得到提高，进行一些小构图练习是必要的（图22）。在做练习时可将景物概括成简单的几何形状，用几何化归纳法安排各主要景物之间的关系，尽可能体现各自所具有的形式美感，并从中体会各种构图样式所带来的不同艺术气氛。简洁和含蓄是风景速写的构图原则。简洁就是不论自然景物多么复杂，场面多么宏大，其基本整体关系都是简单明确的；含蓄是指景物描绘不能平铺直叙、一目了然，通过或显或藏、或取或舍的表现才能形成耐人寻味的意境表现。

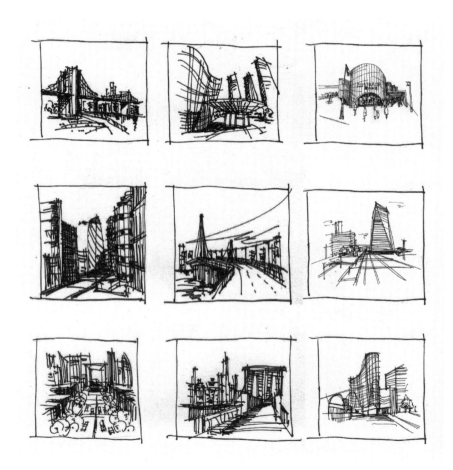

图22 《小稿2》作者自绘

建筑速写与绘画艺术有着诸多的相同之处，形态由各种线条构成，通过画面呈现创作者对场景的思考。不同于绘画艺术的写实特征，建筑速写可具体、可抽象、可移景、可刻画，既能表达创作思想，也能展现建筑场景的构成元素。建筑速写是快速的表达方式，一房、一楼、一巷、一城都可以是被表现对象。手绘过程强调用笔干脆、利落，运笔速度快，注重整体画面的意境表达。

第三章　建筑手绘技巧研究

第一节　工具

纸。画纸的表面是艺术创作的直接对象。纸的分类很多，各种纸都有各自的特点，只要选择正确的笔，大部分的纸张都适合画速写。

速写本——纸稍薄而软，不宜多涂擦。画铅笔、炭笔、钢笔均可。由于此纸质软并有半吸水性，画钢笔淡彩效果颇佳。其种类也较多。

素描纸——纸较厚，纸张表面粗糙有一定的纹理，吸水性较好，适用于铅笔、钢笔。

复印纸——又称办公纸，质脆，表面光滑，较薄，有一定的吸水性。钢笔、签字笔、水彩笔都适用。

色卡纸——质硬，正面光滑，反面有些许纹理，正面画钢笔、圆珠笔速写最佳，反面画铅笔、钢笔均可。

牛皮纸——表面滑，带有轻微的纹路，比较适合水性的工具作画，纸本身的颜色会给作品带来意想不到的效果。

笔。笔的选择和正确使用，对于速写的整体视觉效果有着重要的影响，若巧妙地加以综合利用，会使作品充满创造力。钢笔是选择最多的工具之一，针管笔、签字笔、圆珠笔、中性笔、铅笔等都是可选择的笔类工具，且各具笔触效果特色。

钢笔——由金属制成笔身，富于柔韧性，笔尖有各种形状、尺寸，适于硬点厚些的纸张。一经画上，便难以修改，因此有利于练习肯定的造型能力。钢笔有很强的表现力，既可以画出简单、明确而肯定的单线，也可通过线的排列而构成色调，线条疏密亦可表现色调层次和变化。

针管笔——性能出色，笔尖细腻，可以画出流畅、平缓、连续的线条，通过控制角度和力度，线条会产生不同粗细变化，广受手绘爱好者的青睐。

铅笔——是普遍采用的速写工具之一。铅笔的特点是润滑流畅，便于掌握，其线条可粗可细，可重可淡，通过用笔的轻重可产生丰富的变化。硬铅笔合适于画以线条为主要表现手段，且线条工整、娟细的速写；软铅笔容易控制，适合于画以线和色调结合，且线条流畅、奔放的速写。

除了以上笔类工具，马克笔（下文做单独介绍）、水彩笔、彩色铅笔等也是很好的速写线条表现工具。水彩笔颜色多种，笔头细腻，出水平滑容易掌握；彩色铅笔使用方法同铅笔，技法容易掌握。

其他辅助工具

速写是一种最简单的绘画表现方式，一支笔、一张纸就能完成写实与创意。在绘画过程中速写还可以用到：高光笔——点缀亮处，修正局部，尺——长结构线的准确表现，橡皮——修改铅笔稿，等等。

了解速写工具的特点和效果，选择易于掌握的种类多加练习，在继承传统材质的基础上，探索和研究现代材料给我们的绘画所带来的新契机，开阔自己的视野，寻找视觉上的异样感觉，使画面更具趣味性和创造性。

第二节　马克笔表现技法分析

在建筑速写完成后，怎么较好体现画面的色彩关系、材质表现和光影效果？作为上色的快速表现方式，马克笔是目前较为理想的主要表现工具之一，因为它具有使用和携带方便、作图速度快、色彩透明鲜艳等特点，虽然不适合长期深入作画，但能在较短时间内为建筑速写进行快速色调的表现。

马克笔笔头是其特色之一，一支笔有粗、细两头，粗笔头设计有切角多面，笔宽是固定的。笔触效果硬朗、犀利、色彩均匀，随着笔头的转动能画出不同宽度的笔触，适合空间体块的塑造。马克笔的色彩不像水粉、水彩那样可以修改与调和，高光需要预留，因此在上色之前要对颜色以及用笔做到心中有数，一旦落笔便不可犹豫，下笔定要准确、利落，注意运笔的连贯、一气呵成。画面中不可能不用纯颜色，但要慎重，用好了画面丰富生动，反之则杂乱无序。当画面结构形象复杂时，投影关系也随之复杂，此种情况下纯色要尽量少用，且面积不要过大、色相过多。相反，画面结构关系单一时，可用丰富的色彩调解画面。如作品《灯塔与红屋1》（图1），在钢笔速写的基础上，熟练运用马克笔技法上色，主体建筑上色选取固有色排线成面，在表现大面积色彩时排笔均匀，发挥笔宽的特点，更有效地去表现整个画面。使用同类重色调的笔触体现背光效果，前景的植物在保留光源的基础上做暗部色块的处理。马克笔笔触根据对象结构而表现出直线块面、弧线块面或过渡线，使画面呈现厚重感。

图1 《灯塔与红屋1》 29 cm×21 cm

1.马克笔的笔触表现

笔触是马克笔最具特点、最基础，也是最重要的技法，它的运笔一般分为点笔、排笔、叠笔等。

①点笔——多用于一组笔触运用后的点睛之处，通常起强调和过渡的作用。点笔的形态往往随作者的心情而定，也属于慷慨激昂之处，但要求作者一定要有对画面的理解与感受。

②排笔——指重复用笔的排列，分为曲直、粗细、长短等变化，多用于大面积色彩的平铺。

③叠笔——指笔触的叠加，体现色彩的层次与变化。马克笔中冷色与暖色系列按照排序都有相对比较接近的颜色，编号也是比较靠近的。画受光物体的亮面色彩时，先选择同类颜色中稍浅些的颜色，在物体受光边缘处留白，然后再用同类稍微重一点的色彩画一部分叠加在浅色上，便在物体同一受光面表现出三个层次。用笔有规律，同一个方向基本成平行排列状态。物体背光处，用稍有对比的同类重色，方法同上。物体投影明暗交界处，可用同类重色叠加重复数笔。如作品《花园》（图2）的马克笔上色技法。

图2《花园》 21 cm×29 cm

2. 马克笔技法处理

马克笔笔触的控制，要有较强的功底和使用经验，刚上手使用时会出现用线生硬、框架化、缺乏过渡、色彩语言僵化单一等问题。物体受光亮部要留白，高光处要提白或点高光，可以强化物体受光状态，使画面生动，强化结构关系；物体暗部和投影处的色彩要尽可能统一，尤其是投影处可再重一些。画面整体的色彩关系主要靠受光处不同色相的对比和冷暖关系，加上亮部留白等构成丰富的色彩效果。整体画面的暗部结构起到统一和谐的作用，即使有对比也是微妙的对比，切记暗部不要有太强的冷暖对比。要处理好冷暖色彩的过渡、上色与线稿的结合，都需要大量的练习和不断总结经验，发挥马克笔优势，实现马克笔与钢笔速写的融合创新。

被誉为马克笔之父的夏克梁十分擅长马克笔技法，尤以"以小见大"的表现方式受赞，运用浅色多次叠加表现山形石材等自然结构（图 3），同类深色色块表现材质和肌理，保留马克笔独有的笔触形态和速写造型功底，画面疏密有致，轻重得宜。

图 3 《魅影吴哥窟》系列与《玄妙印度》系列（来源自网络）

3. 马克笔上色分析

画法与步骤案例一（图4系列）：

①灰色基调上色阶段：在设计构思成熟后，以3号以内的灰色马克笔进行基调上色。确定表现思路（如表现角度、透视关系、空间形体的前后顺序等），整体描绘物体的灰面和暗部，以产生整体空间的明暗关系，明确需要表现的重点。通常由整体透视关系入手，同时要注意线条因地制宜地运用，包括如何运用不同类型的线条塑造材质各异的形体，并表现其质感。

②色彩关系体现阶段：在灰色调上色完成，画面有明确的明暗、透视、形体关系后，就要对画面进行实景色彩上色阶段的表现，以此表达画面色彩与明暗的关系。着色的基本原则是由浅入深，通盘考虑整体色调，采用不同明度、纯度的马克笔逐层着色，进一步肯定形体、拉开明暗层次关系。

从视觉中心着手，先根据建筑物体的色彩、材质，运用马克笔的宽头处快速、大面积上色，采用有彩色绘制。在着色过程中，要考虑到物体的形体转折、材质肌理及光源因素等问题，也要注意通过笔触的虚实、粗细、轻重等变化来表现对象的材质。对于环境中色彩、材质相近的物体，应做到同步处理，以提高绘制效率。

③增强色彩关系、细节调整阶段：初步绘制完成后，对图面的空间层次、虚实关系进行统一调整，同时要把环境色因素考虑进去。绘制图面中其他相关配景时，大致交代其色彩、形体、材质及受光因素即可。绘制高光：高光是一幅图的"点睛之笔"，能进一步产生明暗关系，强调形态和明确材质。值得注意的是，在表现图中，为了说明设计内涵，会违反常规地在暗部也点取高光。处理地面时不宜画满，交代好其受光因素及与环境中其他物体相互影响关系即可，其他部分则可进行留白处理。

图 4-1 初稿 1

图 4-2 初稿 2

图 4 《几何与建筑 1》 21 cm × 29 cm

画法与步骤案例二（图5系列）：

以某公共建筑为对象，运用钢笔速写和马克笔技法表现。在构图上，选择了正立面角度，突出了建筑的造型层次结构。用钢笔的线条勾勒出建筑的结构特征，强调了建筑的多样性，使建筑展现出多功能的设计理念。同时运用马克笔快速上色技法，强调明暗关系，增强了作品的质感和层次感。

①先考虑画面整体色调，再考虑局部色彩对比，甚至整体笔触的运用和细部笔触的变化。用笔要随形体走，方可表现形体的结构感。用笔用色要概括，应注意笔触之间的排列和秩序，以体现笔触本身的美感，不可零乱无序。做到心中有数再动手，详细刻画，注意物体的质感表现、光影表现。

②整体铺开润色，运用灵活的笔触，不要平涂，由浅到深刻画，注意虚实变化，尽量不让色彩渗出物体轮廓线；不要把形体画得太满，要敢于"留白"；用色不能杂乱，用最少的颜色尽量画出丰富的感觉。

③调整画面平衡度和疏密关系，注意物体色彩的变化，把环境色彩考虑进去，进一步加强因着色而模糊的结构线，画面不可以太灰，要有阴暗和虚实的对比关系。用修正液修改错误的结构线和渗出轮廓的色彩，同时提亮物体的高光点和光源的发光点。

图 5-1 初稿

图 5 《几何与建筑 2》 21 cm×29 cm

建筑是人类发展过程中重要的物质文化形式之一，建筑物通常指的是那些为人类活动提供空间的，或者说拥有内部空间的构造物。受文化因素的影响，世界各国的建筑风格不尽相同。中国文化重人、重德、重韵，讲究合一性，中国的传统建筑以木结构建筑为主，最有代表性的就是徽派建筑风格。梁思成在《中国建筑史》中中国建筑之特征一节提出建筑之始，产生于实际需要，受制于自然物理，非着意创制形式，更无所谓派别。其结构之系统，及形式之派别，乃其材料环境所形成。"徽派建筑集徽州山川风景之灵气，融古雅、简洁、富丽为一体，至今仍保持着独有的文化、技巧与艺术风采：徽派建筑坐北朝南，注重内采光；以砖、木、石为原料，以木构架为主；以木梁承重，以砖、石、土砌护墙；以堂屋为中心，以雕梁画栋和装饰屋顶、檐口见长。建筑中还广泛采用砖雕、木雕、石雕，表现出高超的装饰艺术水平。"白墙青瓦马头墙，绿水青山蔚蓝天"，是徽派建筑与自然之景完美融合的真实写照。开展徽派建筑写生，是对历史故事的探寻，是对中国传统建筑与文化的记录，是建筑速写写生实践和融合创新的探索过程，更是由理论至实践再至分析的艺术升华。

第四章　徽派民居建筑速写示例分析

第一节　徽派建筑的视觉语言

徽派建筑又称徽州建筑，历来为中外建筑大师所推崇，主要流行于徽州——今黄山市、绩溪县（今属安徽宣城市）、婺源县（今属江西上饶市）及浙江省严州、金华（古称婺州）、衢州等地区，并非特指安徽建筑。

徽州是"文化之邦"，徽商致富还乡后，争相在家乡建住宅、园林，修祠堂，立牌坊，兴道观、寺庙，从而开始和形成了有徽州特色的古村落。古村落选址一般按照阴阳五行学说，周密地观察自然和利用自然，以臻天时、地利、人和诸吉皆备，达到"天人合一"的境界（图1）。在总体布局上，依山就势，构思精巧，自然得体。村落在平面布局上规模灵活，变幻无穷，住宅多面临街巷，粉墙黛瓦，鳞次栉比，散落在山麓或丛林之间，浓绿与黑白相映，形成了特色的风格（图2）。同时村落规划有大量的文化建筑，如书院、楼阁、祠堂、牌坊、古塔和园林杂陈其间，使得整个环境富有文化气息和园林情趣。站在高处望村落，只见白墙青瓦，层层叠叠，跌宕起伏，错落有致。

安徽歙县现存的古村落雄村、江村、许村等地的明清民宅，比较集中地体现了徽州建筑风格。在空间结构布局和造型表现上形式丰富，以马头墙、小青瓦最有特色。在民居的外部造型上，层层叠摞的马头墙高出屋脊，有的中间高两头低，微见屋脊坡顶，半掩半映，半藏半露，黑白分明；有的上端人字形斜下，两端跌落数阶，青瓦铺盖，飞檐翘角。在蔚蓝的天际间，勾出民居墙头与天空的轮廓线，增加了空间的层次感和韵律美，体现了天人之间的和谐。民宅多为楼房，以四水归堂的天井院落为单元，少则2-3个，多则10多个，最多达24个、36个。随着时间推移和人口增长，单元还可以不断增添、扩展和完善，符合徽人崇尚几代同堂的习俗。民居前后或侧旁，设有庭院和小花园，置石桌石凳，掘水井鱼池，植花卉果木，

图1 图片源自黄山市人民政府网站

图2 图片源自黄山市人民政府网站

图3 图片源自黄山市人民政府网站

甚至叠果木，甚至叠假山、造流泉、饰漏窗，与自然和谐一体。在内部装饰上力求精美，梁栋檩板无不描金绘彩，尤其是充分运用木、砖、石雕艺术，在斗拱飞檐、窗棂槅扇、门罩屋翎、花门栏杆、神位龛座上，精雕细镂。内容有日月云涛、山水楼台等景物，花草虫鱼、飞禽走兽等画面，传说故事、神话历史等戏文，还有耕织渔樵、仕学孝悌等民情。题材广泛，内容丰富，雕刻精美，活生生一部明清风情长卷，赋予原本呆滞、单调的静体以生命，使之跃跃欲动，栩栩如生。

徽州古民居受徽州文化传统和优美地理位置等因素的影响，形成了独具一格的徽派建筑风格。粉墙、青瓦、马头墙、砖木石雕以及层楼叠院、高脊飞檐、曲径回廊、亭台楼榭等的和谐组合，构成徽派建筑的基调。徽派古民居规模宏伟，结构合理，布局协调，风格清新典雅，尤其是装饰在门罩、窗楣、梁柱、窗扇上的砖、木、石雕，工艺精湛，形式多样，造型逼真，栩栩如生（图3）。

第二节　徽派民居建筑速写分析

进行徽派建筑写生前，要先观察村落环境，分析建筑特色，了解民俗风情。先取景，再构图，分析透视关系和空间层次关系后进行写生。落笔时，由主至次，由近至远，从结构到细节，从主体到配景。

1. 徽派民居建筑速写要点

徽派古民居规模宏伟，布局协调，古朴、隐僻而典雅。徽州信守传统，推崇儒教，兼蓄道、释，宗族法规，崇奉风水，追求朴素淳真。作为一个传统建筑流派，徽派建筑融古雅、简洁、富丽为一体，至今仍保持着独有的艺术风采。徽派建筑的地域精神是其最大艺术元素构成，山川、河流、田地、道路与村落建筑融合构成和谐景象。取景时要注意画面元素选取与构图，确定画面主次之分、物体角度和透视形式。面对同样的场景，创作者构图形象不同，画面的效果和气氛也不相同。

如作品《理坑村水街》（图4），创作者遵循一点透视原理，对古村落取景水岸及周边建筑群，画面中有石桥、古建筑群、商业等元素，建筑的马头墙、屋檐、窗等结构特征明显，配上不规律的石材、石板和石梯，以及流动的水域、远景的竹林，画面呈现古村落日常繁华的场景。

图 4-1 初稿

图 4-2 初稿与实景对比

图 4 《理坑村水街》 26 cm × 38 cm

创作前首先要了解徽派建筑民居的特征，分析建筑构造、主体材料、装饰手法、建筑物体比例等，建筑速写画面要表现出生动且鲜活、简洁而完整的特点。徽派民居的结构多为多进院落式（小型者多为三合院式），一般坐北朝南，倚山面水。布局以中轴线对称分列，面阔三间，中为厅堂，两侧为室，厅堂前方称"天井"，采光通风，亦有"四水归堂"的吉祥寓意。《寄园寄所寄》记载："聚族而居，绝无一杂姓搀入者。其风最为近古。"传统意义上的徽州民居多为四周高墙围起，谓之"风火墙"，高墙深宅，庭院深深。其大屋脊吻装饰件更是徽派建筑的一个典型标志。民居外观整体性和美感很强，高墙封闭，马头翘角者谓之"武"，方正者谓之"文"，墙线错落有致，黑瓦白墙，色彩典雅大方。构图中为了集中反映主要建筑的结构，可根据单体建筑与建筑群之间的关系，协调构图中的位置与前后关系，使构图更加理想，主要形象更加突出。

画面完成构图和主体线稿后，开展主体物的细节刻画，通常画面包括近景、中景和远景。近景是要重点刻画的对象，中景和远景应起衬托近景和烘托气氛的作用。在徽派建筑的装饰方面，大都采用砖、木、石雕工艺，如砖雕的门罩，石雕的漏窗，木雕的窗棂、楹柱等。在细节刻画处能将这些结构和装饰娴熟且准确地表现在纸张上，是画面重要的亮点。

如作品《古镇临水一角》（图5），画面构图完整，重点在右侧居民区，运用一点透视方法表现空间，前景重点刻画徽派建筑的青瓦、石台路面以及层楼叠院、高脊飞檐等特色要素，中景以大体量的粉墙、马头墙建筑墙体轮廓丰富空间，远景为概括、虚化的山形和树林。作者将左侧水面和石台的路面做了一定的简化处理，用曲线、垂直线表现水的灵动以及与建筑环境的关系。在线稿的基础上，用浓墨做暗部点缀，以表现古镇与自然环境的和谐。

图 5 《古镇临水一角》 38 cm×26 cm

徽派民居建筑的明暗层次表现主要有以下三种方法：一是要依据物象的形体结构特征，抓好明暗交界线的色调关系；二是依据物象固有色的深浅程度，处理好明暗色调层次；三是依据画面的需要，运用明暗变化规律，能动地调整和控制明暗色调。丹尼尔·科伊尔的《一万小时天才理论》告诉我们："练习并不能使之完美，只有完美的练习才能使之完美。"也就是说，艺术家不仅要有娴熟的创作技巧，而且要在不断的实践过程中形成个人的思维能力和创造能力，在艺术创作中实践与理论相互结合，才会有更大的发展空间。

如《宏村月沼印象》（图 6），创作者在宣纸纸面上开展钢笔速写绘画。宣纸纸面不易修改，强调一次成型，是一种新的探索和尝试，要求创作者有较强的造型基本功和全局透视观察意识。该作品以徽派建筑著名代

表——宏村月沼为对象，取其间一段场景，经过巧妙的透视调整，整体画面以正立面建筑场景表现为主、局部两点透视建筑为衬托，既表现了场景的宏大，又表现了徽派建筑群的布局特色。运用钢笔快速表现，在宣纸上呈现若有若无的局部渲染墨水笔迹，形成画面元素松与紧的明暗对比、细致刻画与概括表现的明暗对比，给人一种斑驳的时光与沧桑的古建筑的画面感。后期，作者在钢笔速写的基础上开展上色技法创新，选用暖灰色调马克笔，运用排线、点笔的方法对建筑物的暗部和墙体光影进行局部上色。选用浅蓝色系对中心水面和背景山脉进行局部上色，水面用横向排线方法与水面上的建筑物形态形成呼应，山体则根据山脉造型运笔、局部留白。再选用橘黄、草绿等色彩，运用点笔的方法对局部的植物进行点缀，使古色古香的画面透出春的气息，让画面产生灵动和活跃的节点。

图 6-1 初稿

图6《宏村月沼印象》 33 cm×66 cm

2. 徽派民居建筑速写赏析

作品：前方的村庄（图7）

村庄建筑速写作品不仅是对当地文化和历史的一种记录，也是创作者对这片土地情感和体验的抒发。作品《前方的村庄》徽派建筑速写展现了婺源沱川地区的村庄之美，人文建筑和自然元素的和谐共生更是显而易见的。从起伏的山脉到蜿蜒的小路，这些景观为村庄增添了别样的韵味；巧妙地捕捉了屋舍在山间的布局，保留了庄稼及田间的杂物和石堆又增加了生活气息。这些场景的分布不仅彰显了人与自然的和谐，也显示了创作者在绘画中充分考虑到了环境因素。（纪明媚）

沱川位于中国江西省婺源县，以其独特的自然风光和古朴的徽派建筑而闻名，被誉为中国最美丽的乡村之一。村庄的建筑结构通常是画面的焦点，创作者对徽派建筑的悬山顶、灰瓦、窗户等进行了细腻表现。这些细节展现了传统文化的魅力，是建筑在时光中的痕迹，是历史和文化的延续。《前方的村庄》捕捉到了这些建筑的细部，传达了对于传统建筑之美的热爱和尊重。线条和轮廓在作品中是至关重要的，创作者对建筑物的线条处理准确而流畅，勾勒出建筑的形态和轮廓，描绘出房屋的基本结构和比例。创作者运用轻柔的线条来描绘建筑物的轮廓，同时使用粗细不一的线条来表现小路和田间杂物的纹理和细节，创造出作品的层次感。

透视是塑造建筑物在画面中位置和空间感的重要手段。在《前方的村庄》中，通过透视法则将建筑物的远近、高低、大小等关系合理地表现在画面中，使观者感受到立体空间的深度感和真实性。作者选择了适度的远景视角，通过前部田间小路的蜿蜒延伸，展现整个建筑群的规模和雄伟，合理的构图使画面更有层次感和吸引力，使建筑物在画面中更加生动。

或许是因为线条的表现、或许是因为细节的刻画，《前方的村庄》充满了温暖和故事感。这些村庄不仅是静态的建筑物，而且是承载着丰富故事的载体。在本作品中，这种情感仿佛在建筑和田野之间流淌，让观者感受到了一种对于历史和传统的尊重与珍惜。

图 7-1 初稿

图 7 《前方的村庄》 26 cm × 38 cm

作品：村落一角（图8）

《村落一角》以精湛的钢笔速写技法、一点透视法的娴熟运用，为画面赋予了生动力和艺术感。画面通过对整体与局部的平衡处理、对比关系的处理以及点、线、面虚实的表现，表现出建筑群精致与古朴的特质。作品成功地捕捉到古村建筑的独特魅力，并对建筑美学表现进行了出色的演绎，能够引发观者对古村建筑的欣赏和深刻思考。（李乐）

《村落一角》在构图上选择了正面视角和一定的俯视角度，这有助于凸显画面中整个村落的面貌，使画面中的建筑物呈现出深度和立体感，可以一眼看到村庄的整体布局，同时也能欣赏到建筑的局部细节。这种平衡使得观众既能感受到建筑群的宏伟，又可以欣赏到细节的精致。创作者采用了钢笔速写技法，描绘出建筑物的细节、质感和特色。钢笔用线自由流畅，充满了艺术性，使建筑物栩栩如生，如窗户、门框、屋顶的纹理、质感都得以表现。创作者通过明暗关系的巧妙运用，强化了画面中飞檐、瓦砾和石材的硬朗感。这种处理方式不仅增加了物体的立体感，更是为画面增添了质感和深度。

画面中运用线条和墨块表现疏密的对比，特别是在屋顶和地面的细节处理上。这种对比不仅丰富了画面层次、饱满构图，更是吸引了观者对建筑物细节的注意力；对比关系也强调了建筑元素之间的相互关联作用，为画面增添了一定的深度和层次感。同时，虚实的处理赋予观众感知建筑物轮廓和形状的能力，而不仅仅是对平面的感知。这些特色不仅赋予了建筑物生动性和独特性，更是使观者能够感受到这个场景的历史和文化背景。

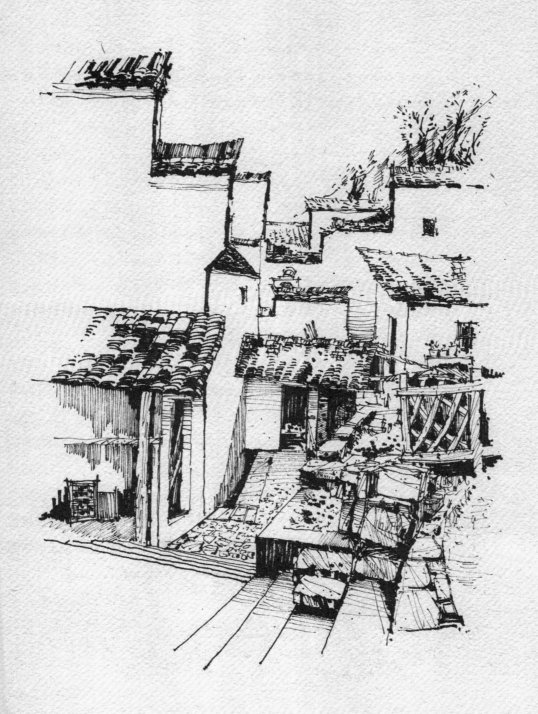

图 8 《村落一角》 38 cm×26 cm

作品：梯云人家（图 9）

《梯云人家》以江西婺源篁岭建筑群为写生对象。篁岭村庄聚气巢云，属典型山居村落，民居围绕水口呈扇形梯状错落排布，随坡就势，呈现出村庄建筑风景的独特之处。作品通过散点透视的方法，画面分成上、中、下三层，从俯视、正视、仰视角度，展示了山居村落局部的特色。（李乐）

作品《梯云人家》采用典型的钢笔速写技法，画面侧重线条的表现。这些线条自由、流畅，使观众能够感受到创作者的自在之态。画面中透视法的运用使画面呈现出建筑群的深度和立体感，随着景深的推进，顶部采用线条排序表现，呈现出透视的效果，近实远虚、近大远小的画面原则，也为画面增添了层次感。明暗的处理通过线条和散点表现，强调了建筑物的质感和轮廓。采用点线面虚实的处理方法，赋予了观众感知建筑物轮廓和形状的能力，而不仅仅是扁平化的呈现。

画面构图饱满，从上中下三层呈现，创作者结合俯视、正视、仰视三个角度，全面展现了山居村落建筑错落有致的特点。观者不仅可以一眼看到整个村庄的布局，同时也能够欣赏到建筑的局部细节。近景部分，如建筑群的瓦砾和墙头，创作者做了详尽的细节处理，表现出不同建筑材料的质感，增加了画面的真实性。这种平衡为画面增色不少，使观者既能感受到建筑群的宏伟，又可以欣赏到建筑细节的精致。《梯云人家》对比关系的处理较出色，建筑物近景和远景之间的对比，增强了观众对画面中建筑物细节的注意力，使建筑物在画面中更加具有生动性。同时，对比也强调了建筑元素之间的相互关系，为画面增添了一定的深度和层次感。

总的来说，《梯云人家》通过多种绘画技法和表现技巧，从整体与局部的平衡、对比关系的处理以及点、线、面虚实的表现等方面进行创作，成功地捕捉到了山居村落的独特魅力，充分展现了江西婺源篁岭村庄的特色。

图 9-1 初稿

图 9 《梯云人家》 26 cm × 38 cm

作品：理坑村一角（图10）

　　这幅作品以江西婺源理坑村内的一个转角为创作对象，运用钢笔速写的表现手法，通过浓墨线条的对比，强调画面的明暗、虚实及远近对比。对菜园地块、建筑群和细节的精细描绘，不仅展现了村庄的历史文化内涵和古朴气质，更让观者感受到徽派村落的独特魅力和生活气息，使观者能够感受到大自然的魅力。（邵婕）

　　《理坑村一角》选择了一个转角作为画面的中心，古老的石板路与青砖小巷交汇，自然景观与古朴的建筑风格相互映衬，使得这个转角成为沱川理坑村美丽画卷的一隅，给人朴实之感。在画面中，创作者对转角处的小菜园进行了精细刻画。通过对枯树、栅栏、菜园、老人葵、杂草、石台路等元素的写实处理，使整个场景更加真实而生动，观者仿佛能够看到农民们辛勤劳作的身影。在小菜园的描绘中，创作者巧妙地运用了大量的弧线、曲线等线条，灵活多变，随形巧用，表现出大自然的力量和生命的循环。作者通过线的疏密排列组成黑、白、灰色调，又以线的长短与曲直、整齐与杂乱形成画面的节奏和韵律感，极大丰富了画面的表现力，并使所画之物蕴含着灵魂。看似信手涂鸦的点画之间，传达出创作者对所见所闻的真切感受。蔬菜的肌理变化既表现了季节特点，也反映了农民们辛勤劳作的成果，这种细腻的描绘使得画面充满了生机与活力。

中景的建筑群则运用线条进行结构特征的表现，适当进行明暗关系的处理，增添了画面的厚重感，画面饱满，细节丰富。作品中的建筑群以其精美的雕刻和细致的装饰，展现了徽派村落的典型特色，展示了中国传统建筑的魅力。线条的运用使得建筑的轮廓更加清晰，明暗的处理则增添了层次感和立体感，丰富了空间的变化。这些建筑不仅是村民们居住的地方，更是承载着历史和文化的见证。同时，画面中的细节也充分展示了徽派村落的生活方式和文化传统。平缓的线条营造出一种淡然、平静的氛围，线条与纸面相得益彰，充分传达了创作者个人内心追求平静以及与接受对象的精神交流。

图 10　《理坑村一角》　26 cm × 38 cm

作品：古镇烟火（图 11）

画面描绘江西婺源沱川理坑村内一处转角，以写实手法记录了村庄的宁静。青石铺成的小道引导观众的视线进入深巷，一位村妇从巷尾徐徐走来，树荫下石凳上坐着一位闲适的老者哼唱乡间小调，近处的货架上各色琳琅的商品，透着夏日的清凉。粉墙黛瓦下，迎来邻里的日常寒暄，隔着木窗传递烟火家常。（朱翼）

《古镇烟火》在构图上，以散点透视建筑群为对象，画面以村内小道为一点透视引导，形成中心视点和消失点。围绕其周围描绘了建筑和生活场景，整体呈现强烈的近大远小的画面透视效果。重点刻画前景中小店外的物品及石头，与对面探头长出的树、树下的人物形成呼应，作品充满了生活情感。画面中的建筑群用钢笔的粗细线条勾勒建筑结构轮廓，图中前景创作者以明快的笔法表现建筑结构，点缀生活小景。在飞檐与马头墙错落间勾勒远景，斑驳的瓦砾是时间留给古村的记忆。天空运用中国古典艺术中的留白手法，延展画幅空间意象，此所谓言有尽而意无穷。青石路上的落叶，徜徉着独属村落的生活节奏。全图虚实相生，用笔长短结合、粗细得当，线条曲直自如、疏密有致，中国传统工笔白描与光影素描明暗技法巧妙的结合，以呈现古村初建时的匠心。

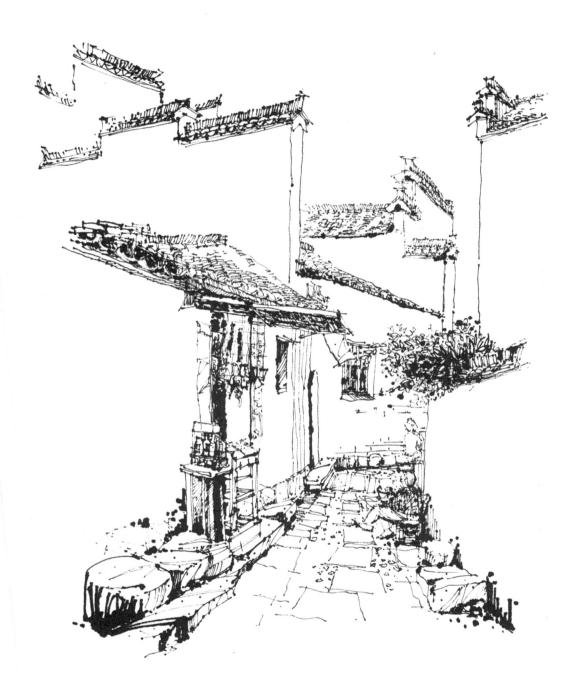

图11 《古镇烟火》 38 cm × 26 cm

作品：古村中的石（图 12）

宏村是一个充满历史和文化底蕴的古村落。通过创作者的笔触，观者被引导进入了这个村庄，感受其独特之处。作品以钢笔速写作为其表现技法，采用一点透视方法，旨在捕捉和呈现村庄的传统之美。（闫长航）

钢笔速写是一种需要高度技巧和熟练手法的绘画方式，要求艺术家快速捕捉主题的轮廓和特征，以尽可能准确地表达所见之物。《古村中的石》在取景构图方面采用了一点透视的近景视角，用来创造深度和逼真感。这种构图方式能够让观众感受整体空间感，更仔细地欣赏建筑物的细节和装饰，以及石台和石墙等元素。近景视角使观众更深入地探索画面，仿佛亲临现场，感受到宏村的美丽和历史。整体作品以黑白对比和节奏性的点线面，营造了古朴而宁静的宏村田园氛围。黑白对比是一种强烈的艺术表现手法，它使画面更具深度和冲击力。通过黑色与白色的明显对比，建筑物在画面中脱颖而出，提高了观众的关注度。具有节奏性的点、线、面强调了画面细节和装饰，硬朗石材与远景中摇曳的树枝形成对比，传递出音乐感与律动感。

作品中用钢笔线条精湛勾勒，为作品增添了独特的韵味。通过线条，强调了画面全景中的石台路、台阶和石墙，地面上拼接的石块通过透视进行造型的表现，台阶通过两点透视的视角与明暗结合表现。中景中石块垒起的石墙则是画面的中心，通过对大小的表现、明暗缝隙的刻画、点线中纹理和细节的展现，使观众可以感受到它们的真实质感。此外，通过阴影和明暗的对比，作品增加了层次感和质感，使建筑物更加立体和具体。这种对比的运用也为画面注入了情境性和纵深感。

《古村中的石》是一幅富有启发性的作品，通过鲜明的主题、出色的构图、精湛的绘画技巧这三者的融合以及丰富的文化内涵，向观众展现了宏村的美丽和历史底蕴。它让观者能够更好地理解宏村的独特之美，思考时间和历史，感受文化传承的力量，以及被启发去欣赏和保护自己的文化遗产。

图 12 《古村中的石》　38 cm × 26 cm

作品：徽州屋外后院（图 13）

　　面对场景对象的取景，艺术家需要对物象进行提取与提炼的创作，在初步构思之后，运用文化修养来创造美的艺术，令观者理解其美的表现，正如柏拉图所说的"心灵借助眼睛在看"。徽州农家后院的钢笔速写，在一个看似杂乱的场景中取景一角，利用疏密得当的结构布局与黑白线条，表现出具有鲜明个性的徽派建筑，具有个人创作特色。同时，让徽派建筑文化的图像传播有了更为多元化的方式。（洪竹）

　　作品以徽派建筑群屋外后院场景为主题，运用钢笔速写技法，力求表现出建筑的生活气息、有温度的视觉图像。在构图上，以紧凑的房屋为中心，围绕其周围描绘了杂物间及后院场景，通过物与建筑的结合，使作品充满了空间和生活情趣。创作者根据个人对场景的感悟和理解，利用虚实、繁简对比的方式在有限的空间里面，巧妙地经营出了一组淡雅、清净、散发着盎然生机的农家小院。

　　画面物体元素运用一点透视方法表现场景全貌，构图中区分出矮、中、高的层次关系。对象是以砖、木、石为原料的建筑，近景外墙为徽派马头墙结构，运用线条概括结构和轮廓虚化前景，将视觉中心置于画面中心处，运用钢笔的细腻线条勾勒细节，强调了画面中心的杂物间及随意堆放的竹条瓦罐等。墙面仅仅表现了一个小窗，通过前后的结构关系形成了空间上"高墙深宅"的艺术特色。画面左侧运用流畅的短线条表现树形，增加画面生动感和平衡感。整体作品力求真实地再现徽派建筑后部生活场景的独特魅力，让观者通过"视觉阅读"介入创作者视角，引发观者共鸣。

图 13 《徽州屋外后院》 21 cm×29 cm

作品：黄田古村一隅（图14）

九峰镇东南部，黄子山西麓，坐落着安徽省宣城市泾县榔桥镇的黄田村。它四周群山环抱，被镶嵌在青山绿水之中，距今已有千年历史，像一个被世人"遗忘"的中式童话世界。作品正是以此村一隅为景，借助钢笔再现了黄田村的特色景致。驻足作品前，看这一丛篱笆后的牛棚鸡舍，仿佛听到禽畜的动静，五感都唤醒了，有如置身村间屋后，赏这一亩三分，内心的收获自然富于这三分一亩。我们多是在城市生活的群体，尤其需要频繁接触如此高水平、直白表达的写实性艺术作品。艺术来源于生活，这里的生活不单单是指日常城市生活，也包含了创作者画笔下原汁原味的农村生活。（朱曼丽）

如今的生活环境是普遍城市化，高楼大厦鳞次栉比。纵观社会发展，建造效率的提高以及快餐时代的来临，自然是高新发展带来的便利使我们的生活充满富足与安定，但是偶尔也需要让自己的节奏慢半拍，抑或是暂停片刻，来乡间，到古镇，在山水之间放松相对紧绷的神经，找一找记忆里的纯粹。《黄田古村一隅》此钢笔画向观者展示了一幅地道、有文化内涵的单色速写。画面运用散点透视法，以建筑为主体层层退隐。以钢笔线条表现古屋与树木，斑斑墙壁、驳驳树影，都是最写实的黄田村景色。画面取景构图选取了俯视角度，村落山势和景物错落跃然纸上。近景中棚屋上残缺的瓦砾、草棚与石墙的特写刻画与远景中的树林虚化形成视觉的透气感，轻重相宜、层次分明又不失和谐。笔意顺畅，用笔坚定，空间关系与透视关系把握精确，张弛有度，严谨与写意完美结合。画面中运用一定的笔触排线法，形成暗部和结构的表现，如近景中瓦砾叠加的细节、草棚内的结构关系等，营造出光影强烈的空间关系；在远景处仍运用笔触排线法，交代的是物体的形态和前后的位置关系。作品在创作过程中，体现了创作者的真实、真挚，充满真情。回归纯甄，回到纯真。

图 14 《黄田古村一隅》 38 cm × 26 cm

作品：洋船屋（图 15）

作品表现了一组安徽泾县黄田古村洋船屋的景象，洋船屋因其外形酷似洋船而得名，围墙及屋体皆仿轮船形状依地势而筑，建筑的外观上巧妙地利用溪水和山势，建成外形上类似大客轮的建筑群体。创作者通过细致的描绘，将建筑的特点与周围的山水风景融为一体，画面表现的是风景人家，所见即所得，人居与画中景致也体现了良好的生态以及人与自然和谐共存的状态。此外，作为表现主体的徽派历史建筑，同样有珍贵的价值。寄情于景，跃然纸上，传递出徽派建筑群作为历史遗产的珍贵价值。（李添）

《洋船屋》在取景和构图中，通过对画面的组织，将建筑特色与自然风光有机结合在一起，使作品的呈现既包含了作为历史遗产的徽派建筑要素又包含了良好的生态内容，让作品在具备艺术感染力的同时更具社会价值。技法方面采用钢笔速写的方式，通过笔法的变化、画面层次的组织、画面要素的组织使作品呈现出一种自然、明快的效果。点、线、面关系的表达作为画面的构成语言，其中蕴藏了多种门知识与技法的思考，将设计构成与手绘表现语言进行转化结合并体现在画面上的过程要有对专业设计与专业绘画足够的理解，其中对复杂的建筑结构的勾勒，水面、道路的用笔，轻重明暗的用笔，是对专业知识的斟酌与体现。作者根据表现主体取景，巧妙运用了虚实对比的手法，让画面中各个内容的组织形成节奏，突出画面的重点。从场景表现内容而言，建筑结构与环境要素的组织形成区分，主要强调了表现主体——洋船屋的建筑特点。此外，在画面细节的处理上，例如建筑屋面与墙体之间的关系，屋面自身的关系，水体、植物、地形的关系，均可见对画面主次虚实的思考，线稿速写的表达方式增加了画面的生动性，这种表现手法使得作品更能经得起推敲赏味。

通过表现自然风光与建筑造型，进一步体现了空间环境与社会人文的内涵，作者客观描绘创作对象的同时也表达了对社会价值的考量。

图 15 《洋船屋》 26 cm × 38 cm

作品：古镇之语（图 16）

宏村是中国传统建筑的典型代表，其古老的建筑和文化遗产吸引着无数游客和艺术家。这幅建筑手绘作品呈现了古村落宏村的一个路口，通过深刻的主题、出色的构图、精湛的绘画技巧以及丰富的文化内涵，向观众展现了宏村的美丽和历史底蕴的深厚。作品也反映了创作者对宏村建筑与文化的深刻理解和尊重，更是对传统文化的传承和弘扬。（闫长航）

作品《古镇之语》选择了一个小路口为视角，这是一个经常被人们忽视的角落，但却蕴含着丰富的故事和情感。取景传达了创作者对细节的敏锐观察，以及对日常生活中微小元素的尊重。作品采用了两点透视法，这是一种在绘画中用来创建深度和逼真感的重要技巧。画面选择适度中景视角，将两条小道形成交叉的透视方向，力求表现出古村落厚重的生活空间，使观者仿佛置身于画面中。这种透视效果不仅增加了视觉吸引力，还使观者更深入地探索了画面中的各个要素。

构图是一幅艺术作品的灵魂。该画面的焦点位于交叉路口的栅栏上，这里不仅是视觉上的聚焦点，还是情感上的焦点。钢笔工具以细腻的线条勾勒出建筑物的轮廓和马头墙细节，这需要技巧和耐心，以确保线条的流畅和精确。通过黑白对比的巧妙运用，形成明暗的层次感，使建筑物显得更为立体和真实。通过对石材地面、木栅栏、枯枝等物品细致入微的描绘，对右侧屋前装修工人所用的木梯的写实处理，表现了村民的勤劳，为画面增加了更多的现实感和观感。这种对比不仅增加了画面的深度，还突出了建筑物的细节和纹理，使其更具表现力。这些细节的呈现赋予了画面更多的生命和情感，传达出宏村浓厚的生活气息。

图 16《古镇之语》 26 cm×38 cm

作品：徽派民居（图 17）

　　我早已熟知黄文娟女士系列钢笔速写的画意，其作品立意也一直是我学习和跟随的方向。黑白尺幅间思绪万千，爽朗的线条节奏有如莫扎特的弦乐小夜曲，时而悠扬，时而快节奏，充满坚毅，充满力量。其画面空间纵深感设计之精妙、下笔之果断与线条之流畅，使我印象深刻。（朱曼丽）

　　作品《徽派民居》以安徽一处民居及屋外场景为中心对象，运用两点透视方法表现空间，以钢笔速写绘制。作品侧重于寻找古民居自然耗损之景象，取景平房棚户一隅，将高墙脊吻置于远景，可以说是相对意义上的"新古居"与"旧古居"，一高一低形成的视觉对比。构图以古民居墙体及近景处栅栏、杂草为中心，精致绘制了大片砖墙，理性和感性结合，有序且有变化。创作者将砖体布局进行了艺术的美化，张弛有度，合理且美观。创作者将钢笔技法发挥至极致，点线结合，粗细有致，以排线技法塑造物象的体积与质感。附以自由生长的杂草，更为古民居建筑注入了一剂强有力的生命力，肆意生长，万物可期。屋前堆放的杂物随意、放松，与规整的墙砖相得益彰。在这个空间里的每一个景物其比例都合适且合理，写实趣味大于概括趣味。而在紧密的画面中心区的对比下，台阶的处理趋于简洁，一紧一松的处理手法在视觉上为观者提供了暂歇的机会，台阶自然也起到了表现房屋空间位置的作用。后屋表现则一贯地线条流畅。如此搭配，整个古民居的结构清晰明朗，而右上部分的高层建筑在此时起到了平衡画面的作用，高低错落。整体画面虚实结合，细节丰富。

图 17《徽派民居》 21 cm×29 cm

作品：黄田古村人民邮政广场（图18）

　　建筑速写使用便捷的工具，以单色线条、高度概括和大胆简洁的手法，快速记录下有一定意义的建筑形象，保持建筑的原有比例和尺度的准确，专业、合理地规划建筑的空间、外貌、形象，传递创作者对场景的感知和感悟。本作品选择的是徽派近代建筑"人民邮政"的建筑场景，微微上翘的马头墙，秀丽灵巧。作者借助了透视规律和视觉化手段，抓建筑、道路、杂草与乱石的主要特征，从多透视、全方面的角度形成取景构图，一气呵成，完成场景的速写。（洪竹）

　　在写生时，《黄田古村人民邮政广场》首先抓住了邮政局最基本、最原始的结构和形态，记录了徽派建筑中四周高墙紧闭的外观形象。运用一点透视原理，将周围的环境由浅入深向观者展现出来。在此，根据所表现的形象不同，采用疏密有致、虚实相生的绘线方式，来表现不同建筑物的结构、造型等特征，这就使得物象的形体与质感也各有所异。同时，作者对宽阔环境进行了合理的取景，按照主观构图的规律、自然界的生长规律，将场与景组织在作品之中，表现出生动且有历史文化价值的建筑形象。创作者在现场开展写生，对所画对象深入观察，结合实景进行创作，快速抓住建筑特色，运用线与墨，表现了徽派建筑的特色与历史感。

图 18 《黄田古村人民邮政广场》 38 cm×26 cm

作品：垒石与民居（图 19）

　　作品以安徽黟县古村一角为写生对象。画面对象集中，取景由民居建筑、石堆和远景山组成，采用一点透视方法，将消失点置于画面中心，作品中建筑及石堆均未有明显透视发生。创作者重点对前景中的石块排列、前后、上下、大小、缝隙等进行细致刻画。简单的建筑石块，在重复、有

图 19-1 初稿

序的艺术表现中产生韵律感；对部分石块中的暗部进行黑色笔触排比、点墨处理，让前景写实感和光影感更强。中景建筑在表现马头墙、歇山顶造型的基础上，对第一栋的墙面进行写实表现，其余墙面均留白。由于画面前景细节较多，作者增加了远景概括的山，短短几根干练的线条表现出了山形山势，丰富画面层次。

图 19《垒石与民居》 26 cm × 38 cm

作品：古村旧屋（图 20）

这幅徽派建筑速写作品以江西婺源沱川的徽派建筑为主题，进行创新探索，即在宣纸上开展钢笔速写。宣纸有一定的吸水性，运笔慢处有晕染效果，形似中国画意蕴。运用两点透视方法表现场景，构图以一间旧屋为中心，配景由树木、栅栏构成，远景为建筑和山体。对建筑斑驳的土墙体、屋顶瓦砾、窗体和窗帘布进行细致刻画，运用浓墨色调突出了建筑物的古旧沧桑感。中景建筑以线稿表现马头墙特征，前景小块菜地用线条表现两点透视画面视角，大量留白处理为作品增添了轻松、自然的气息。作品中还特意保留了栅栏和树木，以展现徽派建筑与自然的和谐相融。

图 20-1 初稿（局部）

图 20 《古村旧屋》 26 cm × 38 cm

作品：婺源民居（图 21）

作品以婺源一所民居为创作对象，画面为两点透视，房屋是画面中心，运用轻松、流畅的线条快速准确地表现民居建筑的斜屋顶结构及 L 型布局组合，屋顶瓦砾运用近实远虚的方法表现。重点刻画民居前的围墙、溪水及小路，运用厚重的色块表现栅栏和石材的暗部光影，用线条表现石块、木材的形态及材质，溪水则以弧线和短线绘制，以突出水的流动感，屋后的山林中前后排树木有虚实变化，形成画面层次关系。

图 21 《婺源民居》 29 cm×21 cm

作品：宏村错位的屋与路（图22）

作品以安徽宏村里的转角建筑群为速写对象。画面以一栋异形组合的徽派建筑为中心，以一点透视为主表现巷景及建筑群。这个异形建筑组合，包括转角院落、前屋、现代徽派楼房，作品重点刻画了马头墙及瓦砾，墙面留白处理，底部楼梯及水渠墙面用色块及墨点使画面形成明暗对比，突出了材质表现。右侧建筑群则用线条表现造型和透视，形成空间感。左侧表现出坡道的一角，使画面有一定的生动性。

图 22 《宏村错位的屋与路》 29 cm × 21 cm

作品：河岸民居（图 23）

作品以河岸边的一排民居建筑为对象，运用一点透视方法表现。画面关系简单，主要表现了主体建筑正立面造型，并运用钢笔速写记录了建筑造型及可见的门窗构造。画面主要刻画屋前河岸，对斑驳的矮围墙、杂草和台阶，作者通过钢笔快速地记录明暗、粗细特征，岸上枯树运用线条表现其形态，树桩处运用了短线和块面表现树姿和古感。

图 23 《河岸民居》 21 cm × 29 cm

作品：黄田古村村口（图24）

作品以泾县榔桥镇东部黄子山西麓的黄田古村落徽派建筑群为主题，采用钢笔速写技法来表现建筑群的历史意味。在构图上，作者选择了远景视角，以展现整个建筑群的规模和气势。运用散点透视方法，重点刻画建筑主体，突出了建筑物的结构和层次。在细节描绘上，注重刻画近景处的徽砖墙面及树木，中景和远景运用流畅的线条勾勒建筑马头墙造型和飞檐、檐口、石台、溪水等特征，力求呈现出徽派建筑独特之处。整体作品以简约的线条和墨渍表现建筑物的质感和光影效果。通过构图和线条的运用，建筑群显得庄重古朴，展现出其独特的历史文化魅力。

图 24 《黄田古村村口》　29 cm × 21 cm

作品：安徽宣城水东老街 1（图 25）

　　这幅徽派建筑速写作品以安徽宣城水东老街古巷为主题，表现手法为钢笔速写。在构图上，选择了一点透视，消失点位于画面中间偏下处，突出了街道两旁传统建筑的连绵排列，更表现了古巷古朴且繁华的一面。通过准确的结构线表达街道的透视与建筑结构，强调了建筑物的细节，如门板、窗棂、墙面的材质和装饰。画面运用较多的线条表现了古街的光影关系、材质特色，也加入了一些杂物元素，使整幅作品更具生动感。作品力求真实表现古街巷的历史风貌和独特韵味。

图 25 《安徽宣城水东老街 1》 21 cm × 29 cm

作品：云山村落（图 26）

　　画面以错落在山间的村庄一角为对象进行创作。整体呈现散点透视效果，中间为一片徽派风格民居、院落和庄稼。画面以远山为背景，运用长短不齐的横向线条概括山路和局部树木。整体画面生活气息浓郁，画面场景宏大，通过右侧留白突出村庄场景和远山形态。作品构图与线条表现出中国画"形意相生、形色相映"的艺术效果。

图 26 《云山村落》 26 cm × 38 cm

作品：婺源沱川传统院落（图 27）

　　徽派建筑讲究对称美学，富含文化价值，体现了中国传统的"天人合一"的思想。《婺源沱川传统院落》以远眺俯视的角度表现了一户民居院落。画面整体描绘了一户人家，运用钢笔表现建筑围墙、结构和顶部，屋顶的瓦砾、墙体上的砖石运用局部概括的方式表现了材质和关系，重点刻画院落走廊上的竹木材质、结构关系、装饰方法和明暗细节。前景中的水域、植物，远景中的树林，中景左右两边的建筑造型均用概括的方式归纳表现，以短线条的重复和连接，叙述了面和暗部的关系。

图 27 《婺源沱川传统院落》 26 cm × 38 cm

作品：安徽宣城水东老街2（图28）

图 28 《安徽宣城水东老街2》 26 cm×38 cm

作品：出村之路（图 29）

图 29 《出村之路》　26 cm×38 cm

作品：篁村 1（图 30）

图 30 《篁村 1》　26 cm × 38 cm

作品：过街楼（图 31）

图 31 《过街楼》 26 cm×38 cm

作品：石桥下的民居群（图 32）

图 32 《石桥下的民居群》 26 cm×38 cm

作品：沱川理坑村（图33）

图 33 《沱川理坑村》　38 cm × 26 cm

作品：村落一角（图 34）

图 34 《村落一角》　26 cm×38 cm

作品：篁村2（图35）

图 35 《篁村 2》　38 cm × 26 cm

作品：山谷中的民居（图 36）

图 36 《山谷中的民居》 26 cm × 38 cm

作品：村口·印象（图 37）

图 37 《村口·印象》　26 cm×38 cm

作品：消失的老宅（图38）

图 38 《消失的老宅》 26 cm × 38 cm

作品：墙外（图39）

图 39 《墙外》　26 cm × 38 cm

作品：眺望村谷（图40）

图 40 《眺望村谷》 38 cm×26 cm

作品：院（图 41）

图 41 《院》 26 cm×38 cm

作品：村中球场（图 42）

图 42 《村中球场》 26 cm × 38 cm

作品：记忆与光阴（图43）

图43 《记忆与光阴》 26 cm×38 cm

作品：巷与宅（图 44）

图 44 《巷与宅》　29 cm × 21 cm

作品：巷口（图 45）

图 45 《巷口》 29 cm × 21 cm

南通是中国历史文化名城，受江淮文化与吴越文化交融影响，其建筑特色在各个历史阶段均呈现了富有地域特色的成就。因张謇时期奉行"中体西用"，西洋建筑体现中式元素，南通地区建筑呈现多样性的特征。建筑学科的开山之作《中国建筑史》和《20世纪中国建筑》上均有多个南通代表性建筑的案例，可见南通建筑在中国建筑史上的重要地位。以建筑速写的形式开展记录，是对传统建筑的艺术化表现，更是以艺术记录的方式对南通文化的尊重和传播。

第五章 南通近代建筑速写示例分析

第一节　南通建筑的发展

建筑是城市的面貌，是城市文明的标志，是社会历史的传承。南通城原是一座江北小城，在张謇先生实业救国、教育救国的运动中，南通经过全方位的经营，开启了中国近代最早的城市规划建设。在近百年的建设发展后，南通进入快速发展阶段，当代的南通被誉为"建筑之乡""近代第一城"。1895年以来南通的近代建筑，类型齐全、体系完整，在"古为今用""洋为中用""中西并用"思想的引导下，西式构造、欧式拱门、中式布局、灰墙红砖、坡面屋顶等形成南通近代建筑包容、结合的特色。

1. 南通建筑历史及地位

南通，位于中国东部海岸线与长江交汇处、长江入海口北翼，是长江文化和海洋文化的交汇点。南通城始建于公元958年，作为中国首批对外开放的沿海城市与国家历史文化名城，拥有2000多年的历史文化和1000多年建城史，是中国近代文明发祥地之一。受地域及地理影响，早期生产、生活建筑以水圩式建筑为原型。古城内的民居建筑以用材简陋、多进院落为主，建筑造型多样、空间布局有一定复杂性，建筑构造较复杂繁琐，代表了早期南通建筑与文化的融合。南通历史建筑存量丰富，现存大量明清、民国时期的传统建筑，其中有各级文保单位56处、历史建筑40处以及传统风貌建筑200余处，反映了南通地区的传统生活、生产习俗和地域特色。2002年，吴良镛院士在南通开展深入调研后，提出南通为"中国近代第一城"，认为南通是中国人基于中国理念，比较自觉地、有一定创造性地、较为全面地规划、建设、经营的第一个代表性城市，这都离不开张謇对南通城市规划和建筑发展的重要作用。

张謇是近代著名的实业家、教育家、政治家。他于清末民初提出"实业救国"的思想，并倾其所有，付诸行动。张謇在南通现代化事业的开拓中，把实业作为现代化进程的重中之重，竭尽全力地予以兴办和拓展各类现代产业，包括"大工、大农、大商"等。张謇主导近代南通经历了从1895年大生纱厂创建到1926年整30年近代城市建设的辉煌发展历程，营造商业、工业、教育、公共事业等场所200余处，建有一批具有鲜明特色的南通近代建筑。中国建筑工业出版社出版的《中国建筑史》是建筑学科的开山之作，其中的"中国近代建筑"部分着重于近现代中国建筑发展的概括论述和典型实例的分析，共选用了89幅建筑插图，其中包括南通的大生纱厂、商会大厦和濠南别业3幅建筑插图。这三个建筑分别代表南通工业建筑、公共建筑和住宅建筑，体现了代表性较强的南通近代建筑类别；《20世纪中国建筑》是一本反映20世纪中国建筑成就和艺术性的著作，选录了中国1900—1999年间设计、建造的994座建筑的条目和图录，"建筑要有些特色、对当地建筑业起过推动作用、在建筑史上有一定地位、有旅游观光价值等"是其选录标准。江苏省有37座代表性建筑被收录，其中南京27座，南通4座，苏州2座，扬州、无锡、淮安、吴江各1座。由此可以看出南通近代建筑在中国建筑史上的重要地位。

2. 南通近代建筑风格与代表建筑

南通籍本土建筑师孙支厦是中国近代建筑师的先驱，是实现中国传统建筑工匠向现代建筑师过渡的代表性人物。他奉行张謇"中体西用"的思想，并在张謇的支持下，设计了大量近代南通的中西合璧建筑，其设计结构与空间布局保留中国传统建筑方式，建筑构造适时替换为欧式风格，使用复合的建筑平面、灰砖墙面的红砖装饰等。这些建筑既融汇了西式建筑风格，又有本土建筑地域特征，形成了特定时期独特的建筑造型和装饰艺术形态。至今，很多优秀的建筑受历史原因已不复存在，但大量的照片和测绘图为后期的修复和技术复原提供了资料，复原后的"古"建筑已成为文化传承的符号、城市的新地标。

图 1 源自网络

【**南通博物苑**】位于崇川区濠南路 19 号。张謇主持创建于清光绪三十一年（1905 年），是中国人自办的第一座公共博物馆。建筑布局和主要建筑的外形结构以及环境风貌基本未变：南馆、中馆和北馆在南北轴线上，中馆、东馆之间为荷花池，中馆的西北为国秀亭和国秀坛，中馆与北馆之间尚有水塔、风车。其主要建筑南馆、中馆、北馆、东馆、藤东水榭基本保持原状，园林设施国秀坛（国秀亭）、水塔、荷花池、水禽罴基本保持原貌。1988 年，入选第三批全国重点文物保护单位。2008 年，获批国家首批一级博物馆。（图 1）

【**广教禅寺**】位于狼山。始建于唐总章二年（669 年），现存三大明清建筑群，分别为山脚的紫琅禅院、山腰的葵竹山房和山顶的支云塔院，依山取势，辟坡而建，朝阳而筑，背倚山石，规模宏大，结构完整，保存完好。建筑群是继承发扬唐宋佛教文化的杰作，将山地园林与寺庙建筑有机结合在一起，建筑特色明显，具有南方山地寺庙建筑的典型特征，融入中国宫殿式的建筑风格，吸纳民间建筑艺术，雄伟庄严，古朴典雅。1983 年，广教禅寺被国务院列为全国 142 所重点开放的寺观之一。2013 年，入选第七批全国重点文物保护单位。（图 2）

【**大生纱厂**】位于唐闸镇。1895 年，近代实业家张謇创建大生纱厂，并以此为中心，兴办榨油、磨面、冶铁、蚕桑染织等附属企业，建成仓储、运输、检修等支撑体系，形成中国近代知名民族资本企业集团——大生集

图 2 源自网络

图 3 源自网络

团。历经百年变迁，以大生纱厂为核心的大生集团，保留相当一部分企业建筑及设施，有的仍在继续使用。大生纱厂涵盖钟楼、公事厅、专家楼、清花间厂房、仓库、南通纺织专门学校旧址、唐闸实业小学教学楼，此外还有护厂河、大生码头遗址等，基本保持了原有的历史面貌和格局。2018 年 11 月，大生纱厂被列入第二批国家工业遗产名录。（图 3）

【濠河】江苏南通护城河，其河道环绕南通老城区，形如葫芦，宛如珠链，被誉为南通城的"翡翠项链"。原为古护城河，史载后周显德五年（公元 958 年）通州筑城即有河。现周长 10 公里，水面 1080 亩，是国内保留最为完整且位居城市中心的古护城河，距今有千余年的历史，是国内仅存的四条古护城河之一。岸边包括众多景点名胜，有唐代古刹天宁寺、南通古城墙遗迹北极阁、明代古塔文峰塔、中国首座公共博物馆南通博物苑等。（图 4）

图 4 源自网络

图 5 源自网络

图 6 源自网络

【唐闸古镇】是中国近代工业遗存第一镇。始建于清末民初，曾经是一个繁荣的工业小镇。张謇 1895 年创办大生纱厂时选唐闸为厂址，后在镇上又建立了与纱厂相配套的一系列工厂和企业，如资生冶厂股份有限公司、资生铁厂、大兴机器磨面厂、广生榨油股份公司、大隆皂厂、大达公电机碾米公司、大达轮船公司等十几家工厂企业。这里的建筑风格融合了中西文化，既有传统的中国式建筑，又有西洋风格的建筑。（图 5）

【大达内河轮船公司】原名通州大达内河小轮公司，建于 1903 年，位于江苏省南通市，是张謇创办的第一个航运企业。公司设总办事处于南通唐家闸，购置轮船、拖轮，专营江苏境内江北里下河至镇江一带航运客货。张謇由此建立起以南通为枢纽，以航运为主的四通八达的交通运输业，对江苏近代地方经济的繁荣起到了推动作用。现存公司办公楼一座，坐西朝东，为二层西式楼房。建筑外墙及内部装修有所改变，其他保存尚完整。临河有码头遗址，其南边紧邻其侧另有小楼，为张謇创办的大达公电机碾米公司办公楼，一并归入保护范围。2019 年，大达内河轮船公司被江苏省人民政府公布为省级文物保护单位。（图 6）

【通崇海泰总商会大楼】位于崇川区桃坞路北侧。建于民国九年（1920 年），由南通籍建筑师孙支厦设计，为古典主义建筑风格。建筑坐北朝南，为二层砖木结构楼，建筑面积

图 7 源自网络

图 8 源自网络

4707 平方米。大楼平面呈"日"字形，采用中轴对称布置，以门廊、大厅、会议厅为中轴，两边以办公楼环绕形成院落，并有回廊与前后廊相通。廊外侧立砖柱，筑连拱，使建筑线条明快流畅。建筑立面中部为突前的门廊，四根罗马式巨柱将三角形的山花托过二楼屋檐。楼中部冠戴高突的红色圆顶，两边做成山花状，楼面以机制红瓦铺设。大楼正立面檐柱上端饰有两个涡卷，窗樘上部为三角形花饰。门廊前为五级台阶，两边设有扇形的坡道。通崇海泰总商会大楼是中国近代行会建筑的遗存，是南通近代建筑的代表，具有较高的艺术价值。2013 年 6 月，公布为第七批全国重点文物保护单位。（图 7）

【濠南别业】是张謇在南通城区最早的一座私人住宅，建于民国三年 (1914 年)，位于市区东南濠河畔。建筑外形为英式风格，坐北朝南，风格别致：内部中式装潢，设计新颖，用材精良，工艺考究；墙面使用砖墙，屋顶使用小瓦和机制平瓦或瓦楞铁皮；建筑门窗多，采光好，门窗上部用红砖做成弧拱或圆拱；走廊外侧立砖柱，筑连拱。建筑呈现了西方建筑艺术和新材料的应用，显得纯朴典雅，别具一格。（图 8）

第二节　南通建筑速写分析

作品：南通五景（图 9 系列）

作品选择南通市有代表性的五个经典场景为对象，运用钢笔淡彩表现形式，将远景狼山、大生码头、唐闸古镇、濠河、南通博物苑以平视视角表现，以钢笔速写为造型基础表现建筑和周围场景，运用蓝、红、绿、黄、紫等淡彩进行上色。通过大景小画的创新方式，展示了钢笔淡彩的生动性和精致性。（伍艺）

《南通五景》以钢笔速写技法为基础，使用 6 cm × 18 cm 尺寸的水彩纸面，以马克笔及淡彩结合上色、用高光笔修饰是作品的最大特色。"濠河主题"（图 9-1）以正立面的视角，集中表现了南通电视塔、标志高楼、濠河及实景景观的横向构图。创作者对标志高楼及群楼运用两点透视方法，表达出画面的空间厚重感；看似随意的用线，实则准确表现了主次关系、结构特征、植物配景以及水面波纹，展现了线条的流畅性和笔触的节奏感特征；天空使用暖色系水彩表现云影关系，根据光源，使用马克笔同类色对主体物上色，强化了建筑的体积感和结构感，与周边的景观形成了疏密、动静上的互补；运用蓝色系和紫色系马克笔，根据建筑物关系竖向排线，表现倒影关系、视野开阔的濠河以及波光粼粼的沿岸风光，并大胆使用马克笔笔触表现植物的抽象关系。

"南通博物苑"部分（图9-2），以两点透视视角对主馆的场景进行取景构图。运用钢笔速写技法进行场景速写，通过线条的疏密、虚实，以及运笔速度的快慢、轻重来表现南通博物苑建筑的空间层次和形体间的关系。使用水彩表现V形地面的水晕效果和建筑物的光影反射；运用饱和度较高的马克笔对背景植物快速点笔上色，并进行局部留白；为了表现建筑本身的结构及材质，运用蓝、紫色系的马克笔对建筑物进行严谨的物体表现。画面中，严密的建筑线条和松散的植物线条形成了对比，色彩对比与画面留白上也展现出节奏疏密的变化。

图 9-1 《南通五景》　6 cm × 18 cm

图 9-2 《南通五景》　6 cm × 18 cm

相比对"南通博物苑"建筑近景的细致表达，作者在对"南通狼山"的创作时选择了远景视角展现狼山的壮丽景色（图9-3）。场景以钢笔速写的山体及狼山上的建筑群为对象，线条精炼准确地表现了建筑结构和透视关系。由于视角的拉远，对植物表达的重要性进一步降低，画面整体未对单一树木进行深度表达，而是选择了参考印象派绘画的特点，去着重展现狼山绿植和山石在阳光下的整体色彩变化。上色前，将画面色彩整体化思考，天空以水彩黄色系为主体，用蓝、紫局部晕染表现，山体及建筑场景运用绿、黄色系的深色马克笔上色，形成前后空间关系的对比。

　　"唐闸古镇"（图9-4）的表现方法与"南通狼山"相似，除了对古建筑本身结构和色彩的详实表达外，更多地考虑了场景关系、透视方法和建筑地域特色的刻画。用正视角方法表现街区建筑场景，局部运用两点透视方法表现建筑布局关系，为平淡的横向构图增加动感；在上色方法上以运笔快速、关系对比为主要方法，如建筑上部受光源和植物的影响，选用温暖且明媚的黄色系淡彩表达。而在建筑的下部，不同饱和度的蓝色和紫色则成为主体色彩，既加重建筑物的历史厚重感，暗示河下水面的反光，也是创作者对画面色彩主观细化加工的构思，更是情绪和文化的表达。

　　"南通大生集团"作为我国近代工业发展的重要代表，具有极强的历史文化意义。创作者在构图上以正立面的视角将大生码头与大生集团进行组合，运用钢笔对造型、结构与顶部细节进行刻画，运用红色系水彩进行建筑物上色，运用马克笔对植物和建筑物暗部进行快速表现，再使用高光笔对前景植物的造型和建筑物受光部进行修饰。红黄两色的渲染不仅仅体现了夕阳下近代工业建筑斑驳而历久弥新的视觉效果，还与建筑本身的爱国主义文化精神相得益彰。（图9-5）

图 9-3 《南通五景》 6 cm × 18 cm

图 9-4 《南通五景》 6 cm × 18 cm

图 9-5 《南通五景》 6 cm × 18 cm

作品：闪耀新城（图10）

　　作品以南通市濠河边建筑场景较集中的区域为取景对象，在构图上选择了较大的远景视角，以此表现写字楼、电视塔、沈绣博物馆、电信大楼等建筑，展现城市一角的高耸场景，体现了规模感。运用钢笔速写、淡彩和马克笔的综合表现技法，力求表现出城市古与新的面貌。画面横向采用了正面视角大场景构图，中心建筑为正向的一点透视，随着场景和布局的变化，旁边建筑分别为一点透视和两点透视，使画面活跃、丰富。画面上的建筑、植物景观、信号塔等都是视觉中心，用钢笔速写表现物体轮廓，强调了建筑的线条流畅美。作者十分注意细节的表现，如建筑的顶部结构、立面造型构造物、窗景、前景景观、水景投影、远景概括等等。

图10 《闪耀新城》　33 cm × 66 cm

作者运用水彩大面积铺刷蓝、黄表现天空和霞光，运用马克笔重色调对植物、水域和建筑块面进行调和表现，马克笔水面上色运用垂直排线表现建筑物的倒影，建筑上色以建筑结构及透视为用笔角度，树木上色排线则表现出树冠树形的姿态，点笔为多。画面整体色调饱和，光影对比柔和，空间层次感和建筑肌理丰富，展现了个性化、创新的作品风格。

图 10-1 初稿

作品：唐闸运河·春（图11）

作品以南通唐闸运河边的小路为背景，执笔描绘南通一角，画面生机勃勃，春意盎然。通过准确把握道路与树木的比例关系、近实远虚营造强烈的视觉延伸感。作品呈现了细腻的技巧和丰富的细节，钢笔线条和马克笔上色技巧为画面注入了生命和色彩，高光点缀增加了画面的细节和层次感。观者可以透过作者独特的绘画语言，感受画面中的宁静和美丽。（赵京京）

《唐闸运河·春》取景和构图上应用典型的一点透视原理，画面由近及远，层次分明，具有整齐、对称的特点，各界面结构辅助线消隐于中心消失点，使画面平衡和稳定，创造出引人入胜的空间关系。作品以钢笔速写为基础，钢笔线条勾勒出树林和道路的透视结构关系、轮廓和纹理，树木的树干和分枝以坚实的笔触呈现，赋予了画面中的自然元素更多的生动和质感。马克笔装饰性上色技法是风景类速写作品的创新点，树干的下端采用了重色调，与画面的消失点巧妙连接，这种技巧使画面的远近感更加明显。顶端采用浅粉色与淡绿色相结合，表达花团锦簇与新叶丛生，色彩过渡自然，马克笔笔触细腻，整体处理到位，同时通过色彩巧妙地捕捉到春日的光线，让观者感受到温暖的阳光洒在树叶上，照亮了整个景象。细节处理也是作品的一大亮点，如配色的过渡、笔触的变化、明暗的对比等，高光笔的修正和点缀使画面的细节更加生动，增加了跳跃的光线对比和细节对比，赋予了画面更多的深度和层次感，观者可以感受到光线照在树叶和花朵上，使它们更加生动和引人注目。

图 11 《唐闸运河·春》 29 cm × 21 cm

作品：唐闸运河·夜（图 12）

作品描绘了南通唐闸运河边一条小路的景致，创作者在主题、构思、创意、表现和技术层面有较多思考，运用钢笔速写技法和马克笔上色技法结合，用独特的视角和细腻的笔触对画面中的道路结构、植物、灯光等元素进行描绘，将城市夜晚小路既富神秘宁静又有童话梦幻般的氛围展现得淋漓尽致。（李添）

《唐闸运河·夜》取景南通唐闸运河边的沿河夜景，作品为传统的一点透视构图，此表现方法与荷兰画家霍贝玛的《林荫道》表现手法相似。这一手法强化了画面的视觉纵深感，直路却依然通幽，此外，这样的表现技法对观者形成视觉引导，目光主动向画面深处的推移，仿佛置身其中。构思上，注重细节与整体的关系，将观者的视线引向了画面的中央——树荫中的光，虽然表现的是一个夜间的环境，但作品不是黑暗的，不同受光角度的树冠与地上的光影组合，让强烈的生机展现在画面之上。

作品基于钢笔快速表现法进行了深度刻画。运用马克笔上色技巧，如点触法、平涂法、晕染法等，将画面主体要素进行了详略得当的绘制。通过细腻的笔触与色彩的变化，表现出这条道路中各个元素的层次和质感，这种手法使得作品在视觉上更加丰富。例如，在描绘行道树时，以不同的色彩、线条和笔触表现出树荫的体积感和光影效果；色彩主体上以暗色调为主，这样的色彩关系延伸至消失点，将近景及消失点方向的树冠色调加以保留，这种对比加强了画面光感。在描绘行道树树叶与枝干时，利用高光笔的点缀形成了跳跃的细节与更加强烈的明暗对比，进一步增强了表现物的质感和层次感。最后在路面的表达上，与常规认知中真实的夜间路面光影有所不同，作者在表现时通过对画面冷暖关系的再组织与创作思路的融合，有意挑选紫色、黄色等色彩对路面光影进行表现，以此体现冷暖关系并增强效果，从而强化空间感，让一条普通的道路呈现出童话视角。

通过对城市夜晚的深入观察和理解，创作者对作品形成了个人认知的绘画表达。

图 12 《唐闸运河·夜》 29 cm × 21 cm

作品：南通博物苑紫藤花一角（图 13）

作品取景南通博物苑紫藤花一角。作品运用钢笔速写的方式表现绽放的紫藤花，将其作为画面主体。取古建筑一角形成构图上的呼应，同时结合淡彩快速上色，用饱和度高的紫色、砖红、蓝色分别为近景紫藤、中景屋檐、远景天空上色，在这一系列画面中构成空间层次关系，并利用明暗对比，将蓝色天空作为背景进行渲染。整幅画呈现出特有的清新和意境。

（陈欣欣）

场景画面中，整体使用成角透视进行构图，通过弱化建筑本身、加强对比度、强化细节、增添植物体量等来突出视觉中心绽放的紫藤花。古建筑形态较为整体，变化较少，线条主要集中于墙体屋檐以及瓦片装饰的绘制上，凸显出传统中式建筑的特色。色彩上主要区分亮灰暗，概括进行表示建筑的透视，以及光源方向对瓦片亮暗的影响。紫藤花作为视觉中心，整体态势为三角形态，与建筑形成照应，但形态上花型繁琐，用笔虚实、强弱以及样式上具有变化，通过高低变化形成错落。

表现技法上线条灵动，极具变化。天空蓝灰色，上下有过渡，趁湿衔接形成云朵层次，边缘也有微妙的变化。中间主体古建筑画得大一些，墙面对比不强，保持留白感，通过明确的颜色倾向区分墙体、屋檐、瓦片。整座建筑的屋顶、阴影大部分是暖灰色，只在暗面、接近阴影的瓦片局部有较冷的颜色表示。屋檐上原本留白较多，但通过屋檐上向天空蜿蜒生长的树枝，使画面更加生动有趣。墙面整体色调偏暖，与屋檐形成冷暖对比，但又比较整体，保留局部飞白，与天空形成呼应。弱化左右边缘墙体，在一定程度上引导观者的视觉焦点在墙体下方的紫藤廊架与紫藤花团上。视觉中心的紫藤花部分郁郁葱葱，用色饱和度较高。通过点、线、面的结合进行绘制，形成前后的节奏感，具有虚实变化。且细节中的对比度在浅淡中又有一点微妙的分别，在亮暗交界的花瓣细节上略丰富，向两边扩散笔触使之弱化。处在后面的紫藤花，无论是形态还是用色都更加概括一些，用色浅，线条断续灵动。中心靠近主体房屋的位置，能够注意留好植物形态，树枝造型变化较多，极具曲折感，局部对比度能够通过用笔变化来加强区分前后布局。

　　整体画面色调统一，细微处有冷暖对比，视觉中心突出，细节刻画生动，色彩明暗能够凸显空间关系。通过画面，时光仿佛静止，古朴的建筑与绽放的紫藤，让人感受到岁月的沉淀和历史的韵味，透露着温馨自然的艺术气息，形神俱备。根据画面需求，在树干的绘制上进一步细致刻画，注意明暗变化、前后虚实以及环境色的影响，从而在符合形式美法则的基础上，能够从视觉上达到平衡，强调画面的主色调与各物体色彩之间的呼应关系，使画面色调既统一又不失变化。

图 13 《南通博物苑紫藤花一角》 29 cm × 21 cm

作品：寺街（图 14）

　　作品的表现对象是南通历史民居——寺街的街巷小景。创作者通过巧妙的取景构图、光影关系、色彩对比等方法，将小巷风情用建筑速写的形式生动形象地呈现出来，展示了午后古街的恬静与安逸。我国著名的建筑学家冯纪忠先生认为，建筑讲究"总感受量"。在本作品中，观者能感受到寺街古巷整体氛围的安静美好，也能体会到时光的停驻感，只想沉浸在作品中与绘者一同走进这百年古巷。（黄燕萍）

　　作品采用一点透视方法较完整地展示景深概况，有意将画面中的景深拉大，形成中心构图方式。通过钢笔速写技法，详略得当地表现了老街的风貌特征、主题元素及空间关系，用线果敢、流畅、飘逸。画面层次感通过常规方式表达，前景为大块明黄色调的街石路面为引导，右侧路面角落精心绘制了红色电瓶车，既避免了空旷又使画面充满了人间烟火味。中景是图中浓墨重彩的一笔，民居的造型、光影关系以及景观的搭配看似随意，却都是对寺街这一南通历史古街的真实写照。而远景则用纵深的速写表现形式，画面尽头与蓝天浑然一体，拉足了古街建筑的幽深感特征。

　　作品色调明亮清新，描绘出国庆期间一派秋高气爽的古街样貌，通过红、黄、蓝三种主色调渲染出老街的古朴与自然环境的安静祥和。作品中红色调贯穿全景，使人眼前一亮，门联与悬挂的国旗相呼应，光影的黄色与蓝色这两种鲜艳的饱和色调使得整个画面明朗，深深吸引观者的注意。画面的光影关系处理得当，老街青石路上洒落着星星点点的暖色阳光，与背光处的斑驳光影形成冷暖对比。植物与老街的建筑构件在白墙上留下光影，真实的立体感、空间效果使画面栩栩如生，明暗色调的铺设、点彩的表达都是画面的亮点。

图 14 《寺街》 29 cm × 21 cm

作品：大生码头（图 15）

　　作品以唐闸大生纱厂码头为描绘对象，运用钢笔速写技法、一点透视方法表现了前、中、远三层的空间关系，整体采用横向构图。前景为正在启动的沙船，细致刻画了船只的结构和比例、前轻后重的画面动态、船只上的配件和杂物，对湍急的水面运用重复的流畅线条表现，略带装饰画方

法，船底部用笔较粗、色调较重，以此区分明暗关系；中景的"大生码头"字样牌坊旁边的仿古建筑群、栏杆、树林等，均使用半虚半实的手法处理，河岸的高度用垂直线的重复、V行排列表达，重点对牌坊上的"大生码头"雕刻字样进行写生，对牌坊上瓦砾做近实远虚的表现；远景为树丛和大生纱厂的钟楼，钟楼建筑以概括轮廓的方式表现，对窗户和拱门作明暗处理，而用重笔色调进行树林表现，根据树形选用笔触表现法、结构表现法，加重色调烘托建筑的历史感与苍白感。

图 15 《大生码头》 33 cm×66 cm

作品：南通理工学院建筑融合（图16）

作品运用钢笔速写技法进行创新创作，取景的建筑包括南通理工学院主要标志性建筑物，采用移景的方式进行重新构图，融合为一幅展现南通理工学院风貌的作品。画面中左侧的行政楼、体育馆为一点透视，中间建筑为南通校区图书馆大楼，根据构图及比例需要采用三点透视，右侧的海安校区图书馆、体育馆选用两点透视方法。画面构成基本遵循建筑间的比

例关系，两栋标志建筑为画面中心，穿插桥梁、门楼等构造物，整体画面饱满、壮观。钢笔线条是作品的主要元素，在用线表现比例和结构准确的基础上，采用排线、块面等虚实结合的方法对建筑外的装饰构造、窗体、台阶等进行细节表现。画面整体强化建筑物形态，用轮廓化的留白对植物、树木、道路等元素进行概念化处理，增加画面的生动感和平衡感，再现南通理工学院校园的场景和魅力。

图 16 《南通理工学院建筑融合》 33 cm × 66 cm

作品：南通瑞慈医院外景（图 17）

图 17 《南通瑞慈医院外景》 21 cm × 29 cm

作品：春之军山（图 18）

图 18 《春之军山》 21 cm×29 cm

韩国传统建筑现今统称为"Hanok(韩屋)",而以西方风格建造的房屋称"Yangok(洋屋)"。韩国传统的建筑形式一定程度上受中国文化影响,在历史发展过程中逐步形成自己的建造体系和风格,其中首尔的北村韩屋村就是最有代表性的片区。作者于2022年至2023年赴韩学习期间,深入参观了首尔北村韩屋及大田市、济州岛等城市村落,在传统建筑民居中感受到韩国文化、史迹、文化遗产和民俗资料,并运用钢笔速写记录下诸多素材。

第六章　韩式建筑速写示例分析

第一节　韩国传统与现代建筑

1. 北村韩屋村

韩屋指的是按韩国传统建筑形式建造的房屋（传统的民居也统称为"韩屋"）。"背山临水""冬暖夏凉"是韩国传统建筑建造的主要理念，韩屋的建造注重与自然环境的融合，兼顾地形和季节气候因素，在设计中充分考虑地形、气候和风水等因素，力求与周围的山水景观和谐共生。同时，韩国传统建筑也体现了人与自然的和谐关系，强调尊重自然、回归自然的理念。韩国不同地区的韩屋建造结构也不同，寒冷的北方采取封闭式"口"字形结构，而中部和温暖的南方分别呈"ㄱ"和"－"字形（图 1-1）。在经济、文化和政治中心的首尔（汉城）地区的韩屋以"口"字形结构为主（图 1-2）。

资料记载，韩国上流社会的房子多用瓦作屋顶，以筒瓦和瓪瓦相结合为主，比中国一般民居的小青瓦大约要大一倍多。中下层人的房屋顶多以稻草作屋顶。韩国瓦房的屋顶样式基本上以悬山式和歇山顶为主（图 2-1）。韩国瓦房的歇山顶屋檐微翘，正脊上没有鸱吻，戗脊上也没有神兽，外形有点像船，所以有个很形象的名字——船形顶。韩屋建筑受韩国地势影响，有较高的外墙，在坡地上顺势而建，围墙也有一定的落差。传统建筑通常由多个建筑单元组成，形成庭院式布局，营造出宁静和谐的氛围。韩屋建筑以朴素、低调和建筑小体量为主，在建筑材料上尊重自然理念，以原木选择为多，建筑内外雕刻装饰，墙面彩绘较少，擅用小斗做装饰构件（图 2-2）。

韩国传统建筑以其与自然的融合、精湛的工艺和独特的社会文化特色而备受赞誉，它是韩国文化的重要组成部分，展示了韩国人民智慧和审美的卓越成就。

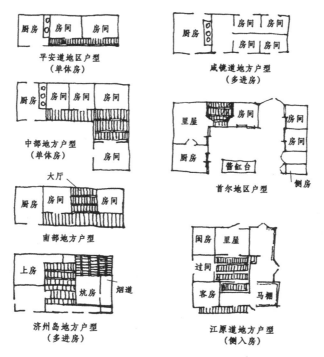

厨房 | 房间 | 房间
平安道地区户型
（单体房）

厨房 | 房间 | 房间
房间 | 房间
咸镜道地方户型
（多进房）

厨房 | 房间 | 房间 | 房间
房间
中部地方户型
（单体房）

里屋 | 房间
厨房 | 房间
酱缸台
侧房
首尔地区户型

大厅
厨房 | 房间 | 房间
南部地方户型

上房
炕房 | 烟道
济州岛地方户型
（多进房）

困房 | 里屋
过间
客房 | 马棚
江原道地方户型
（侧入房）

图1-1　源自网络

图1-2　作者拍摄

图 2-1 作者拍摄

图 2-2 作者拍摄

而韩国首尔北村韩屋村位于古代汉阳的中心——钟路，位于景福宫、昌德宫、宗庙之间。朝鲜王朝（1392—1910）各个时期的统治阶级多在这里居住，遗留下的传统房屋，计11个洞900多座韩屋，至今也是市民实际居住生活的村庄，是韩国传统韩屋最密集的地方，也被称为城市中心的街道博物馆。北村韩屋保留有朝鲜时期到近代的韩国传统建筑遗迹和文化遗产。北村是适于步行的村庄，小巷纵横交错，层层叠叠，庭院相连，错落有致，充满浓浓的历史痕迹和生活气息，且到处散布着珍贵的传统文化遗产。北村韩屋保留有较低的屋顶斜度、圆梁、双屋檐、狭窄而数多的房间等韩式建筑特征。现今，北村的韩屋特点被概括为"进化的旧法"和"装饰化倾向"。经过历史的洗礼和城市建设的发展，北村韩屋与传统韩屋相比，已进行过修整和改造，不具备完整的传统韩屋品质；北村韩屋凝聚了韩屋的结构性和造型性，经过改造后的韩屋反映出首尔的高密度社会现象。随着博物馆、画廊、艺术中心、餐厅、民宿等艺术和商业场所的入驻，北村韩屋村已成为一个备受瞩目的新文化艺术区。

2. 清潭洞

清潭洞是韩国首尔著名的商业中心，众多世界知名品牌的旗舰店在此地区建有独立的建筑体，这些建筑以现代建筑造型为主，形态丰富，造型各异，布局新颖，材质环保，反差分明，体现现代"符号学"在诸多建筑设计中的意义。如法国建筑师、普利兹克奖得主克里斯蒂安·德宝桑巴克（Christian de Portzamparc）设计的时尚品牌 Christian Dior 首尔旗舰店（图3），是建筑，更是雕塑。它巧借流动的曲线呼应时装设计师常用的白色织物，使其契合品牌理念的同时，又从鳞次栉比的现代建筑中脱颖而出。建筑外部的白色表皮由模压成型的玻璃纤维外壳拼合而成，高精度的分区装配使建筑外立面呈现出一体化的造型。白色外壳里层的金属丝网则重现了品牌经典的编织图案，回应品牌的发展历史与审美价值。

图 3　作者拍摄

UnSangDong Architects 设计的李相奉（韩国知名服装设计师）建筑大楼（图4），将韩国传统元素融入现代风格，旨在建造存在于现实世界和想象世界之间的区域。设计致敬东方的山水景观，将各种抽象图形与想象的形状结合起来，将它们转换到建筑物的表皮（立面）上。曲线和有框架的横截面立面创造了模糊的边界和间隙，体现了建筑与文化、场地、精神不可分割的交互关系。

图 4 源自网络

第二节　最具韩风的街区——韩国建筑速写分析

作品：繁街（图5）

作品呈现了一个多样化而独特的建筑景观，取景融合了现代建筑和传统韩屋建筑，画面表现了韩屋建筑独特的屋顶、木结构和传统装饰元素，现代建筑的玻璃幕墙、钢结构等具有现代感。这种多元文化和建筑风格的交融使画面充满了深度和层次感，呈现出街区的繁华氛围，观者从中产生情感共鸣点。（柴东阳）

《繁街》以北村韩屋的商业街为描绘对象。构图采用一点透视法，消失点位于偏右侧处，使观者感受到画面的深度和立体感。通过建筑和道路的近大远小呈现景深的效果，增强了画面的逼真感。整体画面的构图巧妙，左侧的建筑成为主要的表现对象，通过精确的线条表现现代建筑和韩屋建筑之间的结构和透视关系，细致刻画了店面前的场景和中景中的韩屋。这种绘画技法不仅突出了建筑的特点，还传达了建筑的质感。在画面的右侧，巧妙地减少了建筑画面的体量，主要使用暗部概括来压重画面，使观者的视觉焦点自然而然地集中在左侧的建筑上，突出了画面的主次感，使观众不会被分散的因素干扰。局部细节的处理细致，作者对场景建筑中窗户、门廊、挡雨棚和砖瓦屋顶都细心观察，精心勾勒。

对比是画面中的一个重要方法，可以增加画面的吸引力和表现力。左侧的建筑和右侧的建筑之间形成了鲜明的对比，通过体量、松紧和细节的对比，突出了画面的主题和中心；画面黑白色调对比强烈，通过浓墨与留白的关系处理，强化了明暗关系、轻重关系、疏密关系的效果，增强了画面整体的视觉吸引力。将人物造型进行抽象概括、适当留白，激发观众的想象力。同时，留白也能更好地专注于建筑和街区的氛围，而不会被细节分散注意力。

图 5-1 初稿

图 5 《繁街》 38 cm × 26 cm

作品：韩村停车场（图6）

作品以韩屋村的一处停车场为表现对象，运用钢笔速写技法，对场地进行了写实表现。通过描绘一个静态的停车场，传达出现代化的机械与厚重的建筑对比的情感。画面以两点透视为方法，占据画面一半的汽车场景与远景中山坡上的建筑场景形成有趣的对比。（何心一）

创作前通过观察停车场的整体布局，经过取景和构图，选择了一个有趣的视角，包含了俯视、仰视及侧视，增强了绘画的视觉吸引力和场景深度感。汽车、建筑、景观等元素的大小和位置相对于整个画面的分布和比例安排得当，创造了画面的平衡、焦点和视觉吸引力。画面考虑到停车场的光线和天气条件，利用了建筑的阴影和反光来增加绘画的深度和质感，反映出光源与物体间的投影关系，这些因素对场景的氛围营造起到了重要作用。

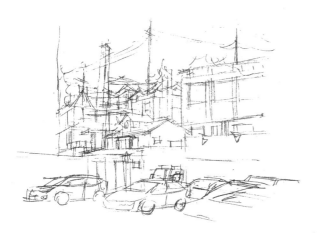

图 6-1 初稿 1

图 6-2 初稿 2

运用钢笔速写的技法，采用传统黑白画面对比，专注于表现形式、结构和光影。这有助于凸显物体之间的关系，以及空间中的线条和轮廓。重点刻画停放在停车场的不同类型的车辆，捕捉了车辆的细节，如轮胎、车灯、车牌等。黑白画面可以更容易传达情感和抽象概念，专注于图像的核心元素。黑白画面能够更清晰地表现阴影和光影，因为它们不会受到色彩的干扰。这使得黑白作品通常在表现物体的体积感和质感上非常出色。

图 6 《韩村停车场》　26 cm×38 cm

作品：《与历史对话》（图7）

在这幅以韩屋建筑群为主题的钢笔速写作品中，创作者以精致细腻的笔触和深邃的视角，成功地捕捉了韩国传统建筑的独特魅力和空间美感。整个作品不仅是对建筑美学的精准表达，也是对韩国传统文化的深情致敬。（陈思源）

《与历史对话》取景自北村韩屋主街道，通过适度远景的视角，建筑物沿着坡道延伸，构建了一种既有深度又富有节奏感的空间布局。构图方法增加了画面的视觉深度，同时也允许每栋建筑都得以充分展现其独特性，与周围的环境形成和谐的统一。观者能够从一个更宏观的视角欣赏到建筑群的整体布局和美感，同时又能够深入细看每一栋建筑的特色。这种视角选择体现了创作者的构图技巧和对空间关系的深刻理解。

通过对建筑局部的精细刻画，作品展现了韩屋的古老与庄重。创作者对建筑有着深刻的理解，运用钢笔绘画技巧对建筑物的轮廓、屋檐、窗户和门廊等细节进行精心表现，线条和绘画技法赋予建筑物真实感和质感。这些细节不仅是建筑本身的展现，也是对韩国传统建筑文化的一种深入探讨和表达。通过对传统建筑特色的强调，作品不仅呈现了建筑的美学价值，还传达了一种历史的沉淀感和文化的深度。

光影处理是这幅作品的重要亮点。创作者巧妙地运用阴影和明暗对比，增强了作品的质感和层次感。光影的变化让建筑的形态更加鲜明，突出了建筑的立体感和空间感。这种处理手法不仅体现了创作者的绘画技巧，也提升了整个作品的艺术表现力。光影的巧妙运用使建筑物显得更加生动，仿佛在自然光下闪烁着生命的气息。

作品以其对细节的精确捕捉、光影对比的巧妙运用以及对空间布局的深刻理解，展示了创作者对韩国传统建筑美学的深刻洞察和艺术表现力。通过点、线、面呈现了建筑的外在美，更是对韩国建筑与文化、历史紧密联系的探讨。

图 7 《与历史对话》　38 cm × 26 cm

作品：坡上的韩屋村群（图 8）

　　这幅钢笔速写作品，将观者带入了一个有层次、有维度的生活空间。通过场景透视方法和建筑手绘表现技法，呈现出画面饱满、元素丰富、虚实分明的速写作品，传递出韩屋村的独特韵味和时代的脉动。（陈思源）

　　作品运用了一点透视法和上坡空间的构图方式，选择了适度近、中、远景的视角，使整个街道建筑群得以完整地展现。沿着坡道上不同时代的建筑造型，感受历史和文化，以及多层次性和多维度性的空间表现。在对大场景取景构图后，对画面中主次关系、结构细节的处理，是创作表现的重心。在遵循透视原理及场地特征的基础上，表现出顺坡而上的建筑空间层次关系。画面中有现代混凝土建筑，有木结构建筑，有集装箱式空间，这些不同时代和不同用途的元素集合在同一画面中，整体传递出一种现代生活的气息，展现了历史与现代的交汇，是传承与创新之间融合的有趣对话。

　　细节不仅能呈现场景的历史感，也表达了创作者对传统文化的尊重和细腻表达。《坡上的韩屋村群》抓住中景韩式传统建筑为画面中心，对建筑的结构、构造物、材质、小景配置以及明暗关系进行分析和刻画。创作者精准捕捉到坡道上台阶、围墙植物、盆栽、汽车、电线杆等元素并将它们呈现，使整个画面充满了生活的气息和空间的真实感。这些细节的精细刻画不仅增加了画面的丰富性和层次感，也让观者能够更加真切地感受到韩屋村的空间场景和生活场景。

图 8《坡上的韩屋村群》 26 cm×38 cm

作品：转角处的韩屋（图 9）

这幅钢笔速写作品呈现了北村韩屋建筑群顶端的一角，运用对比的处理手法和准确的结构表现，刻画出建筑的结构和肌理，展现了创作者对建筑美学的理解和对建筑结构的把握力，通过局部细节与整体构图的相互映衬，创作者用精确的线条展现了建筑的特色和细节。（苏子杰）

建筑速写不仅是对建筑的复制，更是对建筑精神和文化的再现。《转角处的韩屋》选择仰视的近景取景，一点透视的运用为这幅作品带来了空间深度，将观者的视线自然地向上引导，创造了一种向上延伸的空间感，给整体画面带来一定的视觉张力。视角突出了近景建筑顶部的构造与装饰，展现了建筑细节和空间结构的丰富性和层次感。同时，交叉形式感的栏杆、楼梯等元素与建筑相互呼应，形成了均衡且统一的视觉效果。画面整体与局部关系的把握准确，放大和强调了建筑的局部，但又不失整体的协调与统一。通过局部的精细刻画，整个建筑群的风格和氛围突显，同时也并未忽视周围环境与建筑的和谐美感。这样的取景和构图让建筑本体与细节更加突出，反映了创作者对传统韩屋建筑群空间关系的深刻理解。

在表现技法上，运用钢笔的细腻线条勾勒出建筑围墙内的竹制品和屋檐，线条简练清晰而肯定有力，其精确性和变化不仅定义了建筑的轮廓，还表现了不同材质的特性，展现了建筑凹凸、曲折的造型和细节，增加了作品的艺术表现力。同时，巧妙地运用不同的笔触来表现材质的质感和光影效果，突出了传统建筑的构件及装饰特点，传达了一种历史的积淀感和文化的深度。

疏密、虚实、明暗的对比是创作的主要手法，既增强了画面的立体感，也突出了建筑的结构美，不仅准确地表现了建筑的风格特征，更传递了建筑材质的量感和温度。作品通过对比，使韩屋内杂物与建筑体屋檐的质感和层次感被进一步增强，强化画面视觉冲击力的同时也使得画面的主题更为突出。

图 9-1 初稿

图 9 《转角处的韩屋》 26 cm×38 cm

作品：现代韩屋与树（图10）

　　作品以一户位于北村韩屋村的建筑为对象，画面整体布局合理，构图严谨，主次元素之间的关系处理得当，展现了创作者对于建筑细节和环境氛围的精准把握。（苏子杰）

　　《现代韩屋与树》在构图上以两点透视的方法，表现建筑、坡道、街道之间的关系。运用光影线条表现出街道的下坡效果，与右侧内部道路形成明显两点透视的成角构图，提升了画面的视觉深度及空间感。巧妙利用电线交错于建筑和树木之间，形成了特别的视觉层次，线条明确而凝练，提升了空间的开阔感，同时电线的曲线与建筑的直线之间形成的对比，也是画面趣味性的一种具体体现，提升了作品的艺术表现力。

　　作品采用线描法、影调法等表现技法，利用不同粗细、长短、轻重的线条将建筑及其周边其他元素的形象特点表现出来，跃然纸上。并通过笔触的交叉、疏密、均衡、曲折变化表达出空间的前后和主次关系，体现出不同的材质质感及光影变换，使观者感受到画面的层次感与空间感。点、线、面三要素较好地处理了建筑、植物与周边场景之间的虚实关系，如运用点的散布来呈现细微的纹理，利用线的流畅勾勒物体的形象轮廓，而面的对比则构建了光影、虚实的层次。这些元素的组合运用，使画面既具有节奏感又不失细腻。

　　观察取景对象，重点刻画了院内的树木，其细节表现丰富，明暗对比强烈，其作为画面的视觉焦点，不仅突出了光影效果，强调虚实变化，也增强了场景的立体感、层次感和动态感。同时，作者在表现建筑的结构和质感时，运用了清晰干练的线条，快速而精确地捕捉了现代建筑与传统韩式建筑屋顶的风格特点，展现了建筑的时代感与地域特色。这种现代与传统的结合，不仅丰富了画面的内容，也为观者提供了一种历史与现代交融的视觉体验。

图 10 《现代韩屋与树》 26 cm × 38 cm

作品：韩国忠清锦山郡一角（图 11）

建筑速写以简洁干练的线条和明快准确的空间见长。《韩国忠清锦山郡一角》取景的对象是一处复杂民居群，处于地块一角。选用两点成角透视方法，表现中心建筑群和马路，以精准透视描绘出建筑之间相互依存的关系，精细刻画出不同建筑的远近和大小。建筑单体为韩屋传统结构，外形结构系回廊连接式，建筑群落的透视变化精确，画面具有较强的层次感和立体感。（贺鹏）

运用钢笔速写技法及轻重笔触处理暗部关系，与结构线条、饰面线条形成对比。以粗细不一的线条，弱化掉形态的亮部明暗，实现建筑造型过渡极为自然，形成复杂多变的线条变化，突出建筑的轮廓和质感。精准把握沿街建筑彼此衔接的空间特点，体现出韩国城市中独立且紧凑的建筑建造特色。

在建筑立面表现中，运用直线、曲线、长线、短线表现自然的木质纹理、石块纹理，展现出韩国人在建筑建造中喜爱自然元素、追求田园自然风貌的生活憧憬。在观察光源位置和角度的基础上，运用黑色色块强调了门、窗上的暗部表现：一方面运用高矮不一、排线灵动的影子，拉开画面中明暗的对比程度，增强作品的立体感和层次感，赋予画面张弛有序的韵律感；另外一方面，在光影变换的画面里营造出生活气息，形成生动和逼真的画面效果，让观者产生一窥光影背后真实生活的想象。物体光影处理层次感明确，将实与虚进行完美融合，强调光影暗部，突出建筑的体块和细节。同时对投影的轮廓进行概括处理，使得投影向后不断延伸，形成灵动的视觉观感。重点描绘了中景建筑结构特点和光影变换效果，对于远处的电线和近景的街道，则运用交叉线和斜线等技法进行虚化，使得画面主次分明，增强手绘的视觉效果，呈现出视觉明快的建筑风景。画面中以张弛有度的线体最为见长，表现出挺拔、肯定、清晰的建筑形态，塑造出有着烟火气息的韩国民居。

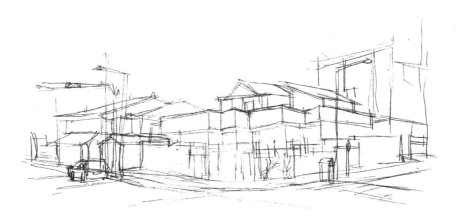

图 11-1 初稿

图 11 《韩国忠清锦山郡一角》 26 cm×38 cm

作品：首尔现代建筑一角（图12）

作品以城市现代建筑群为描绘对象，细致刻画了现代城市建筑及周边环境。利用大小两种建筑体量的对比，使主体得到突出。通过周边建筑和街道上汽车的对比，突出中心建筑的宏伟和配景的精细。作品以钢笔速写技法表现全景，用厚重笔触处理底部为主的暗部关系，与高层建筑上部虚化形成对比。画面前端运用交叉成角的地面引导线构成两点透视效果，很好地还原了仰视角度的中心高层建筑。整幅画作描绘细致，细节处的书店、咖啡馆等字样都被一一标出，很好地还原了周边环境，增强了整体画作的氛围感。（叶馨芸）

"疏可跑马，密不透风"是对绘画效果中疏密关系把握得当的一种肯定。《韩国首尔现代建筑一角》采用线面结合的手法表现了画面的疏密有致。画面的取景构图巧妙，通过建筑主体体现透视关系，通过黑白灰的节奏变化、近大远小的透视关系来塑造空间与细节。画面中下半部分运用准确的建筑结构关系，近景人物与汽车、透视引导线等紧凑的构图，表现出现代快生活节奏的"密"；画面上部通过建筑三点透视的渐隐关系、建筑构造的虚化关系，表现画面的"疏"。

"画画其实就是在画光。"黑白光感的传递也是疏密关系的一种表现。画面通过黑白两色的疏密节奏变化，来体现现代建筑在阳光的照射下所表现出来的光影效果和反射现象。在中心高层建筑底部强化光影关系，架空结构、门、窗等结构内都较好地用密集的线条体现黑色块面，强调暗部和对比。虚实手法的运用增加了画作的整体层次感，较好地传递了画面的主次关系及场景特征。

图 12 《首尔现代建筑一角》　29 cm×21 cm

作品：首尔을곡로艺术街区（图 13）

作品细致地刻画了首尔知名的艺术街区을곡로。整幅画作以灰暗、柔和的色调为主，表现了雨中街道的景象。采用了一点透视方法进行画面构图，重点突出了右侧的建筑群。（叶馨芸）

线条是建筑张力的表现方式之一，线条也是与建筑交流的方式之一。《首尔을곡로艺术街区》运用不同线条来区别建筑和表现细节——使用粗线条勾勒建筑的主体形状，使用细线条描绘建筑的细节和装饰。在准确把握建筑结构和比例的基础上，创作者细致刻画了建筑群的装饰构造和店门光影细节，运用细线条和精细的笔触来表达建筑的细节，比如建筑外立面、广告牌、门的纹理等。

街道上有传统韩式建筑造型、现代建筑和改造建筑，通过对建筑结构和材质的观察，采用了不同的表现手法绘制建筑物外立面，留白与加重、断线与重复、流畅与刻画等，使整体画面更加均衡，突出了建筑的立体感和空间感。根据建筑的方位和光线的角度，使用不同的阴影和明暗来表现建筑的立面和体量，增加画面的真实性和层次感。

面对复杂的两边建筑，选择一点透视方法进行画面构图，消失点偏左，画面主体为右侧建筑群。远处干枯的树干与前部丰富的线条形成虚实对比、空间对比。远处稀疏的树木衬托了近处建筑的密集，行人的加入，使整幅画作增添了活力和生气。从画面中的雨伞、远景中的枯木、空旷的街道，表现出冬日雨天寂寥的街道景象。

图 13 《首尔乙谷路艺术街区》 21 cm × 29 cm

作品：公路边的咖啡店（图 14）

《公路边的咖啡店》以咖啡店为描绘对象，主题鲜明突出，运用钢笔速写技法表现。使用两点透视，集装箱、现代造型的建筑、大量落地玻璃窗和斜面屋顶，构成造型主体。重点刻画前景杂物间、石头、植物，运用较多的弧线、短线，远景树林有选择地虚化，用极少线条概括其轮廓和特征，与主体建筑的直线形成对比。作品既保留了建筑绘图的严谨性，又充满了自由灵动的笔触，展现了创作者深厚的艺术功底和对建筑艺术的独特理解。（史敏丽）

线条是建筑速写的基本元素，它不仅表现了建筑物的轮廓和结构，还传达了创作者的情感和思想。作品《公路边的咖啡店》中的线条表现力极强，运用线条的长短、曲直、疏密等对比来营造出空间感和氛围感，例如，综合运用多种线条表现不同建筑的轮廓和特征，运用精炼的线条虚化处理远景树林。通过流畅自然、抑扬顿挫的线条表现出建筑物的轮廓、结构、质感和神韵。在描绘主建筑时，运用粗犷而有力的长线、直线来突出建筑的轮廓和特征，而在描绘石头、植物时，则多运用简洁的弧线、短线来表现杂物的造型。

透视与构图是建筑速写中非常重要的技巧，决定了画面的空间感和层次感。作品运用两点透视方法，通过成角的前景透视引导线，让画面更加立体和生动。在构图中画面综合运用对称、平衡、重复等技巧，让画面更加和谐。作品准确把握了建筑的整体轮廓与局部形态，通过线条、光影的细节刻画表现出集装箱的质感和玻璃窗的质感，通过线条的走向、长短、疏密等细节刻画表现出天气的特征，通过点线疏密的结合表现不同植物的形态，画面呈现出强烈的整体感和真实感。

作品中运用了线条、光影、明暗等多种表现技法来增强作品的表现力和视觉效果。

图 14-1 初稿

图 14 《公路边的咖啡店》 21 cm × 29 cm

作品：韩屋村的门与门（图 15）

这幅钢笔速写作品以韩屋村建筑群入户楼梯场景为主题，运用一点透视描绘近景局部空间。北村韩屋村是山体建筑群，邻居间的大门都会在台阶上下靠近。作品以台阶上的建筑与周边为主题，画面细致刻画三层"门"，即左下角的石材门体上部结构、右侧废弃小门以及画面中心的正门。通过屋檐和入户门后的主体建筑一角的细节刻画与台阶、植物的描绘，在平行空间中形成主次对比。通过建筑后部屋檐的概念化表现以及电线的交错，处理空间景深的后退效果。

图 15-1 初稿

图 15 《韩屋村的门与门》　29 cm×21 cm

作品：韩屋群（图16）

　　作品以韩屋村建筑群为主题，在构图上，采用以道路为中心的一点透视方法，以右侧建筑群为主，在其周围描绘了复杂空间的场景。近景建筑刻画细致，采用较强的明暗对比。远景建筑主要概括建筑顶部造型。画面消失点低于视平线，表现下坡空间的整体透视。

图 16-1 初稿

图 16 《韩屋群》　26 cm × 38 cm

作品：坡上的韩屋餐厅（图 17）

作品以山坡上的韩屋餐厅以及周边环境和远处城景，形成画面效果。韩屋取景为餐厅后巷，对建筑结构、屋顶、围墙等进行了深入刻画。近景处的树木采用白描线稿方式勾勒树形及树枝主干，与背景建筑形成对比，赋予留白的概念。远景的城景运用结构概括的方式表现，运用成角的交叉线条表现坡道、阴影和前置构图点的关系。

图 17-1 初稿

图 17 《坡上的韩屋餐厅》　26 cm × 38 cm

作品：new balance 与韩屋（图 18）

　　作品以韩屋东村的一个路口为视角，笔者站于街区转角处，以两个街区角度为对象，采用散点透视方法，钢笔速写表现对象。画面以"new balance"店铺为中心，左侧为主要表现街道，消失点置于左下处，沿街道

图 18-1 初稿

中心消失，画面建筑呈现近大远小的特征。右侧上坡为一点透视表现，消失点处于中上部，通过建筑底部空间和坡道上交织的线条表现道路的倾斜。画面整体对比强烈，空间结构复杂，较好地诠释了韩国街道的特点。

图 18-2 初稿

图 18 《new balance 与韩屋》 26 cm × 38 cm

作品：隐匿在老街的文艺街区（图19）

　　这幅作品的场景出于北村韩屋的文艺街区，是传统文化和现代商业的对比。在构图上，使用表现场景的一点透视方法，消失点处于画面左下处，将现代商业店面置于画面的右侧，占据画面大幅面，以突出现代建筑的特色与周围的环境。通过线稿与钢笔重墨的结合，场景充满了强烈的明暗对比和现代气息，细致刻画了近景的咖啡店，数字造型的墙面装饰构造、大面积的窗、屋后的植物、围墙等，与左侧探出的韩屋屋檐一角形成现代与传统的对比，强调了现代与传统文化之间的碰撞与融合。

图 19 《隐匿在老街的文艺街区》 26 cm × 38 cm

作品：韩国忠清锦山郡马镇村庄一角（图20）

　　这幅钢笔速写作品以韩国忠清锦山郡马镇村庄一角为描绘对象，运用传统一点透视表现大空间，画面由村庄、河道、群山构成。重点刻画近景的村庄，通过钢笔的点、线、面表现光线强度，展现市民生活场景。河道以概括结构为主，重点刻画近景中的石头。远景由村庄和群山构成，通过树木、电线杆的透视，强调了一点透视的消失点，拉大整体空间景深，形成对比关系。

图 20 《韩国忠清锦山郡马镇村庄一角》 26 cm × 38 cm

作品：石头堆砌的咖啡店（图 21）

画面以一处咖啡店为描绘对象，取景精致、生动，运用钢笔速写技法表现画面整体。对象选择 15 度视角正面，运用一点透视法表现咖啡店及室外景观。咖啡店处于自然石基之上，带有一定的仰视，自然石材形成台阶，近大远小消失于画面中心的消失点。作品细致刻画了前景中的基石台阶，对自然石材的不规则形态和大小进行写实表现，其材质和肌理效果通过钢笔线条和点表现。室外竹制装饰的房屋也是画面刻画重点之一，其材质运用直线表现，阴影

图 21-1 初稿

之处用排线做过渡处理；室外休闲平台、遮阳布艺、招牌等小品，运用刚柔不一质感的线条表现不同的材质，利用笔触中的点体现材质的刻痕、斑点。咖啡店的造型主要概括了斜坡屋顶，通过对屋顶的构造和窗户的描绘表现了咖啡店的现代性。整体来说，运用流畅、自信、多样的线条是画面的主要特点，通过钢笔用线表现了结构、材质、明暗和设计，是创作者较喜爱的一幅作品。

图 21 《石头堆砌的咖啡店》 21 cm×29 cm

作品：韩屋中心群（图22）

　　画面以街道转角处的一处建筑体为主要描绘对象，运用两点透视方法以俯视角度进行画面表现。将近景的建筑轮廓化、留白化，突出画面中心效果。中心建筑画面由石砌围墙、院落、韩屋和二层主屋组成，通过钢笔速写技法细致刻画该建筑体。运用快速概括的方法表现植物配景和俯视的远景。画面中心以细腻的线条记录为主，在左右两侧配景中有重色块，起到烘托作用。

图 22-1 初稿

图 22 《韩屋中心群》 26 cm × 38 cm

作品：济州岛商业街（图23）

　　画面以济州岛餐饮街区为对象进行创作。运用一点透视方法进行画面构图，消失点位于画面左侧，重点表现右侧画面。以钢笔速写技法对场景

进行写实记录，对店铺前的鱼缸、运输车等均细致刻画，在线稿中增加了暗部色块的表现，突出明暗对比。运用电线强调了透视和空间的落差，也表现了济州岛商业居民区浓浓的生活气息。

图23 《济州岛商业街》 26 cm×38 cm

作品：韩国忠清锦山郡马镇山坡上的建筑（图 24）

　　这幅钢笔速写作品以韩国忠清锦山郡马镇的一处山坡居民建筑为描绘
对象，画面运用带有一定仰视角度的两点透视表现整体空间，由建筑主体、
山石、树木构成。建筑本体结构和细节不复杂，主要利用前后错落空间，
细节刻画建筑，形成画面中心。建筑下的基石用乱线和厚重笔触以块面表
现其厚实和粗犷。建筑后的树林根据构图选择一部分表现，结构线条加暗
部色块形成光影关系，与下部基石呼应。

图 24-1 初稿

图 24 《韩国忠清锦山郡马镇山坡上的建筑》 29 cm × 21 cm

作品：清潭洞·奇奇怪怪的房子 1（图 25）

　　画面以一点透视方法记录了清潭洞某处街区。画面的视平线、消失点居中，能较全面地表现大场景。整体内容均衡，运用钢笔速写方法，生动表现了场景建筑和配景的趣味性。近景均以场地留白为主，对结构各异的建筑进行细致刻画，道路尽头的远景以造型概括和树木搭配的方法表现。

图 25-1 初稿

图 25 《清潭洞·奇奇怪怪的房子 1》 26 cm×38 cm

作品：清潭洞·奇奇怪怪的房子 2（图 26）

　　画面记录了清潭洞熙熙攘攘的街道。运用一点透视方法表现场景，消失点偏右侧，画面设觉中心在左侧建筑群。近景以留白为主，引出中景和远景的建筑体，形成对比。运用钢笔速写技法，表现了街道上十余个造型不一的建筑体，道路上人物形态用概括的方式表现。画面整体内容丰富、层次分明。

图 26-1 初稿

图 26 《清潭洞·奇奇怪怪的房子 2》　26 cm × 38 cm

作品：清潭洞·奇奇怪怪的房子3（图27）

　　作品运用钢笔速写技法，记录了清潭洞的某个巷子转角。画面以一点中心透视视角，右侧绘有钢结构旋转楼梯和透视强烈的二层建筑，与前方三层建筑形成透视引导。画面中心为一栋地中海风格的三层建筑，画面表现其正立面。左侧建筑及围栏采用简化的表现手法，以突出场景对比。

图 27 《清潭洞·奇奇怪怪的房子 3》 26 cm×38 cm

作品：北村韩屋村远眺南山塔（图 28）

这幅钢笔速写作品取景于北村韩屋村，远眺首尔南山塔。画面集中表现坡道转角的韩屋，运用一点透视方法，展现场景的纵深。钢笔线稿细致刻画了建筑结构，运用黑白明暗强调光影关系和空间关系。近景为下坡坡

道，左右两边为台阶和平台，大量留白和大胆的钢笔体块的表现，既强调了光影又能将视觉中心引向韩屋。远处南山塔采用线条概括化的表现，与复杂前景形成视觉冲突，使其更加突出。

图28 《北村韩屋村远眺南山塔》 26 cm×38 cm

作品：韩屋村场景一角（图 29）

　　这幅钢笔速写作品以韩屋村建筑群一处场景为主题，运用倾斜角度和一点透视表现空间。近景为传统韩屋，用钢笔的细腻线条表现出单体、围墙，着力刻画门窗、屋檐和装饰石材。近景中有一栋改造后的现代建筑，顶部为韩屋结构，与中景传统韩屋屋顶形成对比。运用线、面的明暗对比来增强作品的层次感和场景多样性，展现景致的魅力。

图 29 《韩屋村场景一角》 26 cm × 38 cm

作品：转角建筑（图30）

　　作品取景于北村韩屋村的一处转角，运用钢笔速写的技法表现场景。画面运用一点透视法进行构图，近景为转角处不规则的民居建筑，厚重的石材墙体和复杂的屋顶造型，是画面刻画的中心。屋顶上的植物是画面中的小趣味处，与围墙上的电表盒、指路牌一并为画面增加生动性。透视的街道、远处建筑与电线杆，均运用概括的表现手法，形成前后对比、主次对比，传递出韩屋街道的独特魅力与艺术风格。

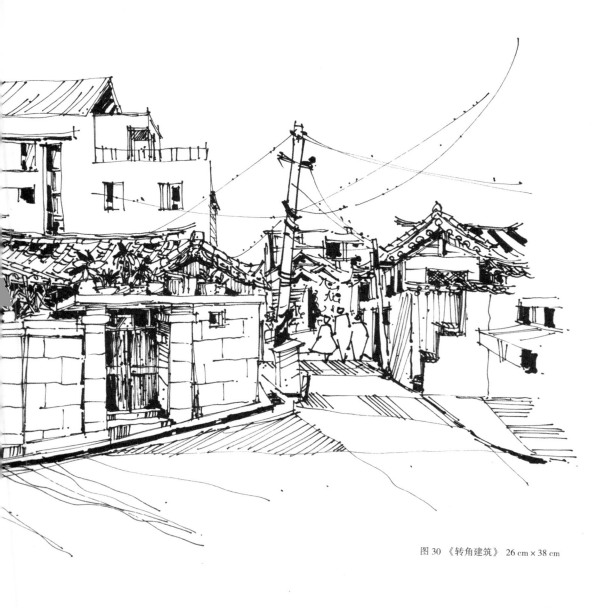

图 30 《转角建筑》 26 cm × 38 cm

作品：韩国中部大学忠清校区校门咖啡店（图 31）

　　这幅钢笔速写作品以韩国中部大学忠清校区门口咖啡店为描绘对象，画面运用两点透视表现小店的空间关系，以板房店铺和店外布置为中心。通过钢笔线条，准确表现建筑的异形结构，如坡面屋顶、弧度转折的店门、正立面的突出结构等，门前花栏处细致刻画了倾斜坡度和木材饰面。运用钢笔笔触等点、线、面表现光线强度，展现店外植物与远景关系。远景处的建筑呈一点透视形态，与前端主体形成对比，也呈现出街区景深关系。

图 31 《韩国中部大学忠清校区校门咖啡店》 21 cm×29 cm

作品：韩国中部大学忠清校区校外街区（图 32）

　　这幅钢笔速写作品以韩国中部大学忠清校区校外街区为描绘对象，画面运用一点透视表现大场景关系，消失点偏右，主要画面在左部分。画面以 BHC 炸鸡店为近景，通过钢笔线条准确表现建筑的异形结构，如坡

面屋顶、弧度转折的店门、正立面突出的三角形结构等，细致表现了木材和前景植物。建筑后的松树运用粗犷的大笔触、对比强烈的暗部色块，衬托前景建筑的细节。街区中远景建筑依循透视原理逐步消失于消失点，形成转角效果，营造出场景的深度关系。以远山补充画面空白，起到平衡重心的效果。

图 32 《韩国中部大学忠清校区校外街区》 21 cm × 29 cm

作品：韩国忠清锦山郡马镇上的杂货铺（图33）

这幅钢笔速写作品以韩国忠清锦山郡马镇上的杂货铺为描绘对象，画面运用两点透视表现场景空间，画面由房屋及马路构成。建筑本体不复杂，为常见体块式结构，运用钢笔速写表现画面效果，使用重复线条表现窗户

上的明暗及投影反射，对店面招牌及上面的树枝、落地移门、墙面装饰进行细致表现。画面消失点主要向右侧延伸、画面整体偏左部分，利用线条表现人行道和马路，平衡画面整体感。通过对近景、中景的三个电线杆的描绘，强调了近大远小的透视关系。

图 33 《韩国忠清锦山郡马镇上的杂货铺》 21 cm × 29 cm

作品：镇上的民居（图 34）

　　作品以镇上一处民居为描绘对象，运用两点透视方法、以钢笔速写技法进行表现。运用线稿速写出近景建筑及其透视，中景树木与房屋，以及远景山林。画面右侧增加的电线杆，平衡了画面的轻重。

图 34 《镇上的民居》　21 cm × 29 cm

作品：马镇的十字路口（图35）

　　画面以十字路口一侧的场景为描绘对象，以路口左右两边建筑为中心，运用两点透视方法，进行钢笔速写表现。画面整体以线稿表现，街区远景为其中一个消失点，利用电线杆的近大远小规则加强画面对比。借用人行横道的双向交错辅助整体画面的两点透视效果。

图 35 《马镇的十字路口》 21 cm × 29 cm

作品：清潭洞·奇奇怪怪的房子 4（图 36）

图 36 《清潭洞·奇奇怪怪的房子 4》　26 cm × 38 cm

作品：主街（图 37）

图 36 《主街》 29 cm×21 cm

随着经济与技术的发展，现代建筑已成为生活空间中的主体物。现代建筑具有较强的几何性和简洁性的特征，相较传统建筑缺少一些历史和时间的韵味，在进行建筑表达时，要注意其构图中心相对明显。开展现代建筑及其他构造物的收集与记录，也是艺术表现的一种方式。勒·柯布西耶在著作《走向新建筑》中指出："由光线显示出来的立方体、圆锥体、圆球体或金字塔形乃是伟大的基本形，它们不仅是美丽的形，而且是最美的形象。"建筑审美来源于对建筑空间的体验，受到环境中感受的影响，飞速发展的科学技术无形中影响着人们的审美观，人的审美随时代、地域等因素而改变。现代建筑着眼于整个建筑环境的美化和创造，它的美是客观存在的，体现在技术性、材质性和设计性中。

第七章　现代建筑及其他手绘示例分析

第一节　现代建筑的视觉要素

随着工业革命运动的兴起和影响的漫延，到20世纪20年代，新建筑运动进入高潮，其中以"现代建筑"思潮的影响流传较广。现代建筑受诸多新理念、新技术、新因素的影响，飞速发展：生产技术与生产材料的革新，给建筑业带来了各种新型的建筑材料；结构科学的形成和发展，使建筑物新结构、新功能、新类型逐步得以实现；人口的增加和生活方式的改变，让建筑设计师赋予现代建筑物各式各样的功能价值。

1. 经典建筑的形式语言

我们生活的时代是几何的时代，几何学思想和抽象的几何美学理想有着强大的生命力和影响力。新现代主义建筑风格的主要特征是强调抽象的几何构成，以中国工程院外籍院士、现代主义建筑大师贝聿铭先生为代表的建筑师，在处理建筑的功能与形式关系时，将纯粹的几何形体作为建筑形态的天然属性，以突出表现最具几何特征的体量。如苏州博物馆（图1）的设计采用了抽象的几何图形符号、玻璃和钢的结合，完美地诠释了现代化建筑风格，大面积采用新材料、新结构的同时，更好地体现了现代化城市所强调的建构理论——关注建造品质、人文情感和文化体现的理论。再如香港的标志性建筑中银大厦（图2），是一座采用现代主义抽象几何形态的高层建筑，大厦的外形看上去似乎很复杂，但标准层平面是一个简单的正方形，这个正方形被两条对角线划分成四个相等的等腰三角形，每个三角形上升到不同高度，最后形成大厦高度依次递增的玻璃三棱柱造型。

作品小稿《现代建筑1》（图3），为现代建筑速写小景，场景由三栋建筑组成，左侧为规范的方体建筑、右侧为帆船形高层建筑、后侧建筑顶部为弧线造型。从画面语言读取的建筑造型元素包括了正方体、长方体、圆柱体以及弧线。这些是现代高层建筑的主要造型特征，有着几何形态和连续构成的美感。

图1 《苏州博物馆》（来源自网络）

图2 《香港中银大厦》（来源自网络）

图3 《现代建筑1》 15 cm×21 cm

图 4 《美国芝加哥西尔斯大楼》（来源自网络）

2. 现代建筑的材质语言

布鲁诺·赛维在著作《建筑空间论——如何品评建筑》中提出，建筑的审美价值，在于它以形式美的法则，运用一定的物质材料和技术，创造建筑的造型美，使建筑成为"巨大的空心雕刻品"。建筑的美学对于材料和技术有着巨大的依赖性，人造石材、钢筋、混凝土、铝合金、玻璃等都是建筑技术发展下的产物，对现代建筑结构与美学的实现起着决定性作用。如运用木头或石块材料的抗压强度和天然质感、混凝土的可塑性能、钢材的拉张力、玻璃的硬度和透明特性等，再通过技术手段与艺术设计的巧妙结合，化为空间的形式和秩序，突破了传统高度、跨度的局限，创造了新的建筑造型美和空间美，展现出现代建筑巨大的魅力。尤其是 20 世纪 50 年代以来，新的结构理论与体系不断出现进展，大跨度的空间不断实现，促使现代建筑向更高、更大跨度的境界迈进。如 1973 年竣工的美国芝加哥西尔斯大楼（图 4），曾创世界建筑高度之最，达 442 米，计 110 层，现名威利斯大厦。大楼利用钢结构框架成束筒结构体系，外部用黑铝和镀层玻璃幕墙维护，有助于减少因其高度所造成的大风中摇摆的幅度，玻璃幕墙材质受光源影响在不同时间段能反射自然环境和周围建筑环境的景色，让该建筑呈现出多样的材质美感。作品《城市后街》（图 5），画面中心和主体是某商业区的后街，包括常规的二层混凝土建筑、落地

窗和百叶窗、挑高的房屋顶部以及石材地面。建筑整体以简洁的几何体表
现，远景中概括表现的超高层建筑与前景形成对比，超高层建筑的窗体用
横线与竖线代替，并注意线段的虚实表现，运用重复排列的短线表现玻璃
材质的外立面及阴影、反光等。画面有主题，有对比，有主次，有细节，
较好地体现了现代城市的建筑意境。

图 5 《城市后街》 29 cm×21 cm

3. 现代建筑的环境融合语言

随着城市文明的日趋复杂化、尖锐化，随处可见林立的高楼、如梭的交通、电气化自动化和计算机智能化，房屋密集、交通拥塞、大气污染、能源危机，各种现代"文明病"蔓延。追求人与自然的和谐，是世界人居环境发展的共同目标。在城市建设中，将对建筑的审美延伸和扩展，考虑建筑本身的同时，更注重环境与之融合，用环境设计来取代建筑设计已成为技术与艺术共享的新趋向和新理念。正如芬兰建筑师伊里尔·沙里宁所说，"应当明确地把建筑理解为一种有机的、社会的艺术形式，它的任务就是通过比例、韵律、材料和色彩等，为人类创造一种健康文明的环境。这样，人类物质设施的整个形式世界，从私人居室到错综复杂的大都市，都包括在建筑的范围之内了"。现代建筑与环境的融合，应做到因地制宜，尊重自然条件，协调建筑与环境的关系，构成有机的观赏整体，产生特定的意境。

在联合国教科文组织统计的世界百年来的建筑中，由美国建筑大师弗兰克·劳埃德·赖特设计的流水别墅（图6）位居首位。该设计将建筑与自然融为一体，让居住其中的人切身感受到山石、流水、草木等自然景观，让建筑的每一个局部与自然完美融合，让它像是自然生长出来的一样。同样，现代建筑的和谐与整体，除了建筑与自然环境间的融合，也包括了建筑与建筑、建筑与街道广场间的融合。通过有序安排、结构组合、空间穿插和色调的搭配，给人以韵律和节奏感。

图 6 《流水别墅》（来源自网络）

第二节　现代建筑速写分析

建筑是人为造物,现代建筑的主旋律是在审美理想的指导下,协调人、建筑、环境三者的关系。20世纪著名的建筑大师、现代主义建筑倡导者勒·柯布西耶(Le Corbusier)在《走向新建筑》中提出:"建筑,这是最高的艺术,它达到了柏拉图式的崇高、数学的规律、哲学的思想、由动情的协调产生的和谐之感。这才是建筑的目的。"[1]古今中外的建筑大师、画家们,不仅创作出许多经典的名作,还留下了大量生动的建筑速写作品,这些作品同样成为人类艺术宝库中的瑰宝。

1. 现代建筑速写要点

随着与工业化社会同步发展的现代建筑设计,建筑美学、建筑风格已逐步发展完善。与时俱进,创造新的设计、新的风格、新的造型已成为现代建筑的趋势。进行现代建筑速写时,应抓住现代建筑中新材料、新结构、新色彩等特性,使用艺术的线条诠释现代建筑的生命语言,展示现代建筑速写的韵律与魅力。现代建筑速写的要点,在传统建筑速写、风景速写的基础上发展而来,造型体积、材质施工、空间比例以及小品配置上都与前者有一定的区别,如作品《现代都市》(图7)所表现出的:整齐规划的街区、几何体造型为主的现代建筑大楼、钢筋混凝土与玻璃材质结合的建筑外立面、重复且展现韵律的窗户构造。画面中点、线、面三要素特征明显,人物、窗户、装饰构造都可识别为点,钢结构、混凝土主体结构以及楼层面都可概括为平行的线条的处理,建筑整体的结构面、暗部的光影形

---

1. 转引自奚传绩编著《设计艺术经典论著选读》第3版,南京:东南大学出版社,2011年,第204页。

成作品中的面，整体空间形成强烈的近大远小、近实远虚的视觉效果。

现代建筑速写的取景、构图与传统建筑有差别，在把握建筑与环境的整体观下，注意建筑立面细节与形体穿插的透视关系，才能准确表现现代建筑的美观与视觉的丰富。现代建筑与环境融合的美，不仅包括哲学层面的社会性、应用性、思想性，也包括设计思维中的感官性、装饰性、美观性、适用性和功能性等。从审美中观察速写要点，包括以下几个内容：现代建筑与自然条件的巧妙配合，如建筑造型的突出、山形水流的映衬、人工修饰形成的自然景观；建筑群之间的空间关系，如建筑与街道、纵向与横向的建筑、建筑与广场、整体建筑景观；小品与装饰的配置，如人工与自然的园林景观、山石、植物、水体、设施等，以及它们与建筑的比例、布局等关系。

图 7 《现代都市》 21 cm × 29 cm

2. 现代建筑赏析

作品：福建泉州妈祖庙前街（图 8）

作品以福建泉州妈祖庙前街为速写对象，街区两侧场景较复杂，运用一点透视方法构图，体现出场景庄重严肃的氛围。作品主要运用线条准确地抓住建筑及墙面装饰构造。右侧商铺采用弧形布局，建筑呈现了中东合璧的风格特征，细节丰富且造型较为复杂；左侧广场处概括表现出树和车辆的主要结构造型；远处尽头建筑通过简化的手法表现出主要特征。整体画面构成效果突出，整体关系明确，风格样式别具一格。（陈欣欣）

《福建泉州妈祖庙前街》用一点透视方法，构图完整，中心聚焦，整体画面从右至左，高低起伏，极具节奏感。通过弧线道路引导，使画面具有向心力，在物体透视处理上严格遵循近大远小的原理，如近处的栏杆宽且长，远处的栏杆矮且密，消失于消失点，产生聚焦感。画面中建筑与建筑之间，建筑与局部的栏杆、柱体之间以及其他画面的构筑物之间的结构、比例关系表达清晰合理。画面中主要构筑物为多幢中西合璧的组合建筑，其中柱体相对难以表达，画面中对这种有规律但是画起来比较繁琐的部分在绘图中进行了区分，且体现出一定的虚实关系。

图 8-1 初稿

作品中的线条流畅且具有张力，通过构筑物线条中墙体直线与窗体弧线结合的绘制，体现出福建泉州建筑风格多元化的特征。作者对近景中的树木没有着重刻画，而使用留白的方式使之与中间造型复杂的构筑物形成对比与层次，凸显焦点。除了原场地的建筑外，构筑物周围环境因素也被交代得十分生动，并结合生活场景进行补充，如店铺门口停放的摩托车、路边的行人等都为画面做了很好的点缀，整体画面前景、中景、后景的关系层次分明。

在构筑物的肌理表现上进一步细化，增强立体感，丰富构筑物的形态表情。在进行协调处理的同时，创作者依据个人审美取向和对物象特质的感受，表达出材质特征，使画面呈现多样的视觉效果，不同的肌理对比，可以使人感受到不同的审美意蕴。

图8 《福建泉州妈祖庙前街》 21 cm×29 cm

作品：灯塔与红屋 2（图 9）

  作品表现对象是别墅和灯塔，及茂密的草丛环境，构成了整个画面的基本元素。画面构图简洁而精致，作者以巧妙的彩铅技法为画面赋予了生动的色彩。画面以暖色调为主，这使得观者在欣赏作品时感受到温馨和宁静。别墅的外墙被精心涂抹成温暖的橙色，与周围自然环境相得益彰的同时，与牛皮纸的背景色又进行了呼应，增加了画面的和谐与统一。（赵京京）

  创作者采用典型的两点透视构图，视角灵动，主体别墅占据了画面的大幅位置，别墅作为主体较为突出，呈现出景物特写的效果。画面丰富，低矮的建筑与高耸的灯塔形成典型稳定的三角式构图的同时丰富了视觉层次，整体画面能够比较真实地反映空间，尤其是建筑物的正侧两面，两点透视加上较强的明暗对比使得整个画面体积感较强。灯塔的外观则以白色为基调，在色彩上与别墅形成了鲜明的对比，同时又有了一定的融合，这种色彩的巧妙运用，极大地增强了画面的视觉吸引力。同时，对环境色的处理也是该作品的亮点，灯塔周围的环境色充分表现了光影和周围环境的相互影响。周围的天空以渐变的蓝色和淡紫色呈现，形成白色灯塔的背景色并将其凸显，营造出宁静而神秘的氛围。

  在结构方面，通过绘制细致入微的线条和纹理，赋予了建筑物和草丛以立体感，建筑物线条硬朗有力，草丛线条柔美肆意。别墅的屋顶和墙壁都充满了细节，使其看起来更加真实，灯塔的外观也充满了复杂的结构和图案，令人印象深刻。对这些结构的表现让整个画面更加生动细致、引人入胜。细节处理是这幅作品的关键之一，在别墅和灯塔的各个部分都进行了精细的描绘，包括窗户、门廊、栏杆等，这些细节增加了画面的真实感，使观者可以在细节中发现更多的故事。画面中的草丛充满了生气，创作者运用看似杂乱的笔触，将草丛呈现得生动而有力，草丛仿佛在微风中摇曳，为画面增加了一种动态感。这种动感与别墅和灯塔的静谧形成鲜明的对比，为整个画面增色不少。

图 9 –1 初稿

图 9 《灯塔与红屋 2》 21 cm × 29 cm

作品：南洋理工大学学习中心（图 10）

手绘对象为著名的新加坡南洋理工大学 The Hive 学习中心。该建筑由著名建筑事务所 Heatherwick Studio 设计，是新加坡具有里程碑意义的教育建筑。创作者以钢笔速写为基础，通过整体意境、表现手法、结构、色彩、构图、技法等，赋予复杂的蜂巢结构装配式建筑以艺术感知力和视觉即视感。（黄燕萍）

The Hive 学习中心的建筑充满了设计感。创作者遵循对比与统一的设计原则，从一点透视视角表现渐变圆柱结构。在进行艺术构思提炼后，运用钢笔、马克笔和高光笔，概括而简洁地勾勒出建筑主体特征，表现了建筑的整体感与风格化。地面整体布局紧凑，节奏韵律感强，前景草坪处理为 V 形呈现，表现出透视空间的纵深感，达到视觉上的一张一弛。

用马克笔上色表现画面是作品的一大亮点，通过主色调形成明确的明暗关系、光影关系；通过大笔触排笔表现建筑的主体材质，笔触有效传递了建筑的色彩与质感；使用高光笔进行局部点缀，突出了用笔粗与细的对比、画面点与面的对比。在透视草坪场景中使用横向穿插笔触，与实体垂直建筑形成空间序列的对比，强化了建筑的构造特征。选色上，建筑以暖灰色和褐色为主要色，还原建筑本体的色彩关系，在受光处留白的处理；前景中的植被区选用橄榄绿为主体色，在建筑底部进行同类色重色调处理，表现建筑的阴影，概括底部的绿化景观。高光笔在前景中做点的处理，灵活、随意的表现，增加了画面的细腻感。

此学习中心被新加坡政府授予 BCA 绿色标志白金奖。针对新加坡最高环保标准的建筑身份，创作者对空中花园的绿植设计进行了写实表现，既丰富了建筑手绘表现的元素，增添了生动感与真实性，也传递出时代建筑发展趋势，将手绘建筑赋予新鲜生命，体现了建筑是凝固了的音乐的哲学思想。

图 10 《南洋理工大学学习中心》 21 cm × 29 cm

作品：武汉鹦鹉洲大桥（图11）

创作者以武汉鹦鹉洲大桥为主题，主缆起伏的外形富有韵律美，桥塔稳重的气势与浩瀚的长江相呼应，气势恢宏，与背景中的建筑场景形成对比和呼应。整体表现难度较大，需要创作者有一定的概括表达及细节处理的综合能力。创作者巧妙地运用了钢笔速写和马克笔上色的表现手法，通过线条的运用、明暗对比的处理和色彩搭配，将建筑与环境的场景关系、桥梁的结构与透视表现得淋漓尽致。作品展现了创作者深厚的艺术造诣和精湛的表现技法。（王若君）

作品大胆尝试了绘画材质的多样性，创新性地用牛皮纸去表达画面的质感，纸张的蜡色给画面添上一层人工滤镜，桥梁与周边环境的表达融为一体，历史与文化感丰富。在取景上选择了桥梁大跨度的透视角度，将长江、对岸建筑群、近景植被作为环境元素，形成画面的构图处理，使画面具有宏大的场景感和强烈的空间感。整体感和局部的细节处理得当，概括表现使之形成鲜明对比。

近景的桥梁结构高大耸立，细节表现丰富，运用线条、明暗对比以及色彩对比等手法，对桥梁的线条走势、结构特征以及质感等都进行了生动的刻画。选用红色马克笔大笔触色块进行固有色上色，同类深色进行暗部表现，适当的留白给予画面透气感。对近景中的景观树、水体概括表现，烘托了桥梁主体。远景部分则遵循近大远小的规律，形成较强的比例对比，运用了大色块的概括表现方式，突出了固有色和明暗关系，使得画面效果整体具有纵深感和层次感，产生视觉冲击力。水景上色运用垂直马克笔排线，形成地面建筑的空间倒映表现。

图 11 《武汉鹦鹉洲大桥》 21 cm × 29 cm 。

作品：桂林吊脚楼（图12）

该建筑画作品以其精湛的技艺和精细的线条为特点，使用钢笔创作，以精准的透视和比例描绘建筑物，捕捉了建筑的细节和纹理。作品的线条明快而流畅，呈现出出色的手绘技巧。创作者强调阴影和明暗的表现，以增强建筑的立体感。这种技术让该作品看上去非常真实，同时充满了艺术感。（施天驰）

桂林吊脚楼是中国传统建筑的杰作，典型的木质结构建筑形式，结合了实用性和美学性，同时体现了中国古代建筑和文化的独有特色。吊脚楼通常都采用复杂的榫卯结构，得名于其下部悬挂的柱子，这些柱子使楼层在地面以上悬挂，从而创造了一个空中走廊或休闲区。吊脚楼选址注重融入自然环境，建筑结构和外观与周围的山水风光相协调。

作品以桂林现代吊脚楼为表现对象，创作者对建筑物复杂的榫卯结构和纹理有较深刻的理解，善于捕捉建筑物的窗户、门廊、屋檐、壁砖等元素，创造出栩栩如生的建筑形象。建筑的透视和比例准确，采用仰视角度的两点透视，建筑主体呈成角的造型变化。受山坡坡势的影响，画面的中心即建筑体及周围构造，作品展现了细致的布局和构图，增强了画作的美感。

阴影和明暗的表现对于增强建筑钢笔画的深度和立体感至关重要。作者使用交叉画线或阴影线等技巧可模拟建筑物上的阴影和光线效果。画面采用黑白及灰阶色调，突出了线条和细节，使观者更专注于建筑物的结构和纹理。黑白对比关系也通过线条和纹理来增加绘画的细节和表现力，浓重的黑色线条、块面强调了建筑的轮廓，而短线和细线用于刻画建筑的细节。强烈的黑白对比增加了画作的戏剧性。

画中的细节表现不仅限于建筑物本身，还包括了周围的环境，比如石台阶梯、杂草、树木等，这些元素大大增加了画作的丰富性和故事性。

图 12 《桂林吊脚楼》 26 cm × 38 cm

作品：临水小镇（图 13）

速写作品对象为临水小镇，创作者清晰地展现了钢笔淡彩的特点。钢笔画着重线条表达，其结构层次清晰，将色彩表达的元素融入绘画中，通过对比建筑与周围自然环境，在直观地展现出画面中层次对比的同时，也为画面增添了一些感性的元素。（沈炜伟）

为突出《临水小镇》在建筑上的特点，作品取景选择正立面的一点透视，较全局地观察对岸场景。构图上将建筑错落置于画面中心，将自然环境如树木、湖泊等置于画面的上下，以突出两者的对比。基于地形的特点，对树木的分布进行主观处理，既体现写实性，同时又形成构图上的错落有致，近景和远景之间有了更为清晰的分隔线，从而对表现主体，也就是近景码头处的建筑进行了适度的凸显。创作者充分发挥了钢笔线条表现力强的特点：对于近景建筑，钢笔线条有力且坚定，这使得近景中主体建筑结构清晰、材质明确的特点得到了充分的表达；对于远景建筑，线条则是较为稀疏而松散，较好地反映近实远虚的视觉特点，也使得画面整体疏密有致、详略得当。

《临水小镇》色彩的表达极为丰富，选择牛皮纸为媒介，对上色开展了融合创新的探究。基于钢笔线稿进行物体本身色彩的表达，把握了光影对于物体的影响，例如在画面中心的建筑，钢笔的线条和阴影表现出建筑与自然的交汇，强调了建筑与自然的和谐统一。通过马克笔对固有色和暗部的处理，运用高光笔作局部点缀，凸显了建筑在自然环境中的美感。对于远景，通过对树木随地形连绵起伏的概论表现，使建筑隐遁其中，在色彩选用上更灰、更淡，兼具体积感和表现张力。

对近景的水面进行细致的艺术加工，这是作品的重点。水面利用了树木光影的渲染，呈现深邃的墨绿色。而对于岸边灯光的反射，则使用高光笔处理，体现光影的流动性。这些与建筑形成主次和疏密对比，更与灯火通明的小镇码头形成明暗对比，为画面增添氛围感，使观众可以在观画时有一种身临其境之感。

图 13 《临水小镇》 21 cm × 29 cm

作品：欧式古堡 1（图 14）

这幅作品以海边欧式古堡群为主题，展现了一种庄重而浪漫的氛围。建筑物的厚重感、哥特式建筑物的尖顶、层叠的建筑群及丰富的配景刻画等特色，在画面中得到了充分的表现。创作者运用了钢笔速写和马克笔上色技法，通过对建筑物的描绘、对技法的运用、对整体与局部的处理、对对比关系的把握以及对点线面虚实的掌控，使画面具有强烈的艺术感染力和视觉冲击力。同时，画面中的色彩搭配也使得作品更加丰富多彩，更加生动活泼。（王若君）

在透视关系的表达上，这是一组建筑群整体表达，构图选择一定远景视角，以建筑群为对象进行集中、概括表现，以树林为配景体现山势高低。透视关系准确，每一处细节的转折都被清晰地表达。创作者注重整体观察，又突出了局部的细节表现，尖顶、连廊、绿植、海浪等细节被精心描绘，与整体的建筑群形成良好的呼应。这种处理方式让画面既具有整体感，又不失细节的丰富性。在点、线、面虚实方面，创作者钢笔速写和马克笔上色技法的运用表现得十分出色。钢笔速写线条流畅，锐利而细腻，将建筑物的轮廓和细节描绘得淋漓尽致；而马克笔上色则饱满，层次丰富，综合运用马克笔的技法使得画面具有强烈的视觉冲击力。两种技法的结合，使得画面既有线条的灵动，又有色彩的饱满。

山地建筑物的险峻宏伟气势和海面的平静形成了强烈的对比。画面构图为三角形，重点在三角形中心，整体层次感和立体感清晰。同时，作品还巧妙地运用了明暗对比，在建筑物城堡群与植被上运用了线条的流畅与阻滞等对比手法，使得画面的质感更加强烈。建筑物的明暗对比、线条的流畅、色彩的浓淡，表现出点、线、面之间的和谐与张力，这种既是结构也是细节的处理，使得画面更具艺术感染力。

建筑群以固有色为主，整体明亮，选择左侧光源表现整体明暗关系。树林的表达作为前景处理，明暗对比强烈，细节表现丰富，使用高光笔进行提亮更是点睛之笔，树林被刻画得郁郁葱葱，与建筑群遥相呼应。天空用马克笔运笔概括简练地表达了云朵。这些色彩处理方式也突出了画面的主题和重点。

图 14　《欧式古堡 1》　21 cm×29 cm

作品：欧式古堡 2（图 15）

作品以传统欧式建筑为速写对象，运用针管笔单色绘制。作品选择两点透视视角，进行装饰性的单体建筑表现。《欧式古堡 2》与《欧式古堡 1》钢笔速写 + 马克笔上色的表现方式截然不同，其运用针管笔，选用 0.5 mm、0.3 mm 和 0.1 mm 的笔芯尺寸，使用辅助工具——直尺，表现不同的建筑结构和装饰。画面结构和比例严谨，严格遵循透视原理绘制，窗框、窗台、装饰柱、屋顶构造细节丰富，运用线条排列和色块的明暗处理形成对比。建筑两侧的植物，则运用装饰画的手法概括、美化。画面通过线条和结构表现了欧式建筑的宏伟气势及作品的美观性。

图 15 《欧式古堡 2》 21 cm × 29 cm

作品：欧式古堡 3（图 16）

　　作品以传统欧式建筑为速写对象，运用针管笔单色绘制。整体表现方式与《欧式古堡 2》相同，根据视角的不同，作品选择建筑正立面视角，进行单体建筑表现。画面结构和比例严谨，以线为要素，明暗处理得当，严格遵循透视原理绘制，构造细节丰富，展现了作品的艺术性。

图 16 《欧式古堡 3》 21 cm × 29 cm

作品：泉州西街 1（图 17）

　　作品以泉州西街的商铺一角为速写对象，运用钢笔速写表现技法，展现西街热闹的商业气息和建筑特色。运用一点透视方法，选择正立面视角，采用写实的方法保留了原场景中建筑的造型、材质、结构，对遮阳棚、爬墙藤蔓进行细致表现，通过打烊和营业店面中不同的空间布局和材质运用的表现，增添画面的趣味性和生活气息。

图 17 《泉州西街 1》 21 cm × 29 cm

作品：泉州西街2（图18）

作品以泉州西街的一片商铺为速写对象，运用钢笔速写表现技法，对地域风格较浓的建筑、动态的人群进行概括写实。画面运用一点透视方法，选择正立面视角，采用写实的方法保留了原场景中建筑的造型、材质、结构，对遮阳棚、顶部植物进行速写表现。相较于《泉州西街1》，作品更强调了光影效果，通过快速的笔触和密集排线的处理，形成强烈的光影效果，更展现出西街浓浓的生活气息。

图 18 《泉州西街 2》　21 cm × 29 cm

作品：花漾（图 19）

作品以鲜花为主要速写对象，综合运用彩色铅笔和水彩进行画面表现。画面运用一点透视原理处理街道转角的空间关系，建筑墙面为斑驳的黄色土墙，近景处的鲜花根据层次表现紫、蓝、黄、红等缤纷色彩，房屋上的爬墙藤蔓有较重暗部体现，和建筑形成明暗关系。运用高光笔进行细节和明亮处的点缀，整体呈现温馨的视觉感受。

图 19 《花漾》 29 cm × 21 cm

作品：山间吊桥（图 20）

作品以山间吊桥为速写对象，运用钢笔速写和马克笔上色快速表现。钢笔勾勒出自然景致的轮廓和特征，遵循近大远小的透视原理，对吊桥进行了细致刻画。作者用马克笔对画面进行快速上色，遵循近实远虚的原理，运用大面积的绿色系色块，表现山体和植物，吊桥选用原木色扫笔呈色，远景留白。阴影和明暗的对比增强了作品的质感和层次感，保留了自然环境与桥的平衡，使作品整体呈现出和谐与美感。

图 20 《山间吊桥》 21 cm × 29 cm

作品：上海外滩边的租界小楼（图 21）

作品运用钢笔速写技法表现上海外滩边的租界小洋楼。小洋楼为两层欧式建筑，建筑外饰面丰富、华丽，选择一点透视进行画面构图，重点刻画建筑的转角和欧式构筑物，运用线条表现明暗关系。保留电线杆、电线等配置物，给画面增添生动感。近景中刻画和突出了指示牌，以线稿和留白为主要方式，与背景建筑的明暗形成对比，带有一定装饰性。对左后处的景观概括和抽象化处理，加上看似随意的重笔触效果，与生硬的对称性建筑形成对比，更赋予了画面一定的趣味性。

图 21 《上海外滩边的租界小楼》 29 cm × 21 cm

作品：独栋咖啡店（图 22）

图 22 《独栋咖啡店》　26 cm × 38 cm

作品：居住建筑（图 23）

图 23 《居住建筑》 29 cm×21 cm

作品：帆船建筑（图24）

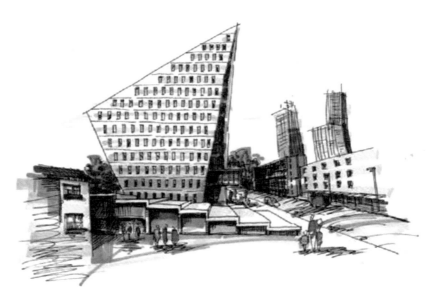

图24 《帆船建筑》 21 cm×29 cm

作品：现代建筑（图 25）

图 25 《现代建筑》 21 cm × 29 cm

作品：广场建筑（图 26）

图 26《广场建筑》 21 cm×29 cm

作品：陆家嘴（图 27）

图 27 《陆家嘴》 21 cm×29 cm

作品：坡地住宅（图 28）

图 28 《坡地住宅》 20 cm × 20 cm

后　记

高冀生教授曾说："建筑速写画作，不仅是要展现一些优秀的美术作品，更重要的是唤起人们更加关注建筑绘画的积极性，进而弘扬宝贵的治学风范，传承一种精准的工匠精神，以求能与广大同行学友、爱好者取得共识、共享、共勉。"

某日与江应中教授探讨审美中的政治意义、思想感知、艺术评论和美好生活需求，江教授提出："如果说建设是建筑的第二次创作（创造、创新，下同），那么，建筑速写就是建筑的第三次创作。从这个意义上说，建筑速写的创造性丝毫不亚于建设，甚至在其之上，达不到这一点，建筑速写就将成为建设或建筑物本身的翻版，也就将失去应有的意义。"这段话让我深有感触。建筑速写是技术，是艺术，是文化，是精神，是传承，更是守正创新。它不是作者一个人的内心独白，而是人与自然、人与社会、人与人的心灵对白。它在笔与纸的对话中，以行云流水的线条结构、赏心悦目的明暗效果、意蕴联想的虚实结合，让每一张作品都呈现出独有的建筑场景魅力。每一次探访古镇民居、品味市井小巷时，在零距离与历史建筑和现代技术接触中，都能感受到每一个文明时代留下的历史印记和文化底蕴。运用建筑速写的方式记录这些事物并展示于世人，让我们时时看到民族文化在闪光，由此不断地传播来自民族本源的文化自信，这是我辈的社会责任。

艺术是我人生的一部分，建筑速写俨然占据了我生活中的一部分，从最初的懵懂学画，到如今的成长与进步，都离不开求学路上对我悉心指导的老师们和工作单位的支持，让我有机会、有平台做自己爱好的事情。在南通理工学院搭建的教科研平台支持下，本书出版得到南通理工学院学术著作出版基金资助，方得以顺利出版。传媒与设计学院院长吴耀华教授从专著计划、选题建议、创作、序言和文字把关上都给予了无私的指导，借此表达谢忱。学院老师及同行对我作品客观的点评和批判，拓宽了我教学和创作中的思路，已在内页中署名，在此不逐一致谢。本书中选用了国内外画家的作品，以优秀示范用途，在此致以感谢。最后，再次感谢江苏凤凰美术出版社工作人员的帮助和支持。

建筑速写——凝重多样，有滋有味，意境灵感，贵在勤勉，长期积累，与时俱进。借此专著呈上本人对建筑速写的痕迹和思考，与广大爱好建筑速写艺术表达的朋友们共勉。

黄文娟

2024 年 3 月于江苏 南通

图书在版编目（CIP）数据

建筑速写：从理念到实践的研究 / 黄文娟著. －－
南京：江苏凤凰美术出版社，2024.3
　ISBN 978-7-5741-1773-0

　Ⅰ.①建… Ⅱ.①黄… Ⅲ.①建筑艺术－速写技法
Ⅳ.①TU204

　　中国国家版本馆CIP数据核字(2024)第077159号

责 任 编 辑　王左佐
责任设计编辑　孙剑博
装 帧 设 计　焦莽莽
责 任 校 对　唐　凡
责 任 监 印　唐　虎

书　　　名　建筑速写：从理念到实践的研究
著　　　者　黄文娟
出 版 发 行　江苏凤凰美术出版社（南京市湖南路1号　邮编：210009）
印　　　刷　盐城志坤印刷有限公司
开　　　本　787 mm×1092 mm　1/16
印　　　张　17.5
版　　　次　2024年3月第1版
印　　　次　2024年3月第1次印刷
标 准 书 号　ISBN 978-7-5741-1773-0
定　　　价　89.00元

营销部电话　025-68155675　营销部地址　南京市湖南路1号
江苏凤凰美术出版社图书凡印装错误可向承印厂调换